Laser in der Materialbearbeitung
Forschungsberichte des IFSW

J. Shen
Optimierung von Verfahren der
Laseroberflächenbehandlung bei
gleichzeitiger Pulverzufuhr

Laser in der Materialbearbeitung
Forschungsberichte des IFSW

Herausgegeben von
Prof. Dr.-Ing. habil. Helmut Hügel, Universität Stuttgart
Institut für Strahlwerkzeuge (IFSW)

Das Strahlwerkzeug Laser gewinnt zunehmende Bedeutung für die industrielle Fertigung. Einhergehend mit seiner Akzeptanz und Verbreitung wachsen die Anforderungen bezüglich Effizienz und Qualität an die Geräte selbst wie auch an die Bearbeitungsprozesse. Gleichzeitig werden immer neue Anwendungsfelder erschlossen. In diesem Zusammenhang auftretende wissenschaftliche und technische Problemstellungen können nur in partnerschaftlicher Zusammenarbeit zwischen Industrie und Forschungsinstituten bewältigt werden.

Das 1986 gegründete Institut für Strahlwerkzeuge der Universität Stuttgart (IFSW) beschäftigt sich unter verschiedenen Aspekten und in vielfältiger Form mit dem Laser als einer Werkzeugmaschine. Wesentliche Schwerpunkte bilden die Weiterentwicklung von Strahlquellen, optischen Elementen zur Strahlführung und Strahlformung, Komponenten zur Prozeßdurchführung und die Optimierung der Bearbeitungsverfahren. Die Arbeiten umfassen den Bereich von physikalischen Grundlagen über anwendungsorientierte Aufgabenstellungen bis hin zu praxisnaher Auftragsforschung.

Die Buchreihe „Laser in der Materialbearbeitung – Forschungsberichte des IFSW" soll einen in Industrie wie in Forschungsinstituten tätigen Interessentenkreis über abgeschlossene Forschungsarbeiten, Themenschwerpunkte und Dissertationen informieren. Studierenden soll die Möglichkeit der Wissensvertiefung gegeben werden. Die Reihe ist auch offen für Arbeiten, die außerhalb des IFSW, jedoch im Rahmen von gemeinsamen Aktivitäten entstanden sind.

Optimierung von Verfahren der Laseroberflächenbehandlung bei gleichzeitiger Pulverzufuhr

Von Dr.-Ing. Jialin Shen
Universität Stuttgart

B. G. Teubner Stuttgart 1994

D 93

Als Dissertation genehmigt von der Fakultät für Konstruktions- und Fertigungstechnik der Universität Stuttgart.

Hauptberichter: Prof. Dr.-Ing. habil. H. Hügel
Mitberichter: Prof. Dr.-Ing. K. Kußmaul

Die Deutsche Bibliothek – CIP-Einheitsaufnahme

Shen, Jialin:
Optimierung von Verfahren der Laseroberflächenbehandlung
bei gleichzeitiger Pulverzufuhr / Jialin Shen. – Stuttgart :
Teubner, 1994
   (Laser in der Materialbearbeitung)
   Zugl.: Stuttgart, Univ., Diss. 1994
   ISBN 978-3-519-06214-1   ISBN 978-3-322-96731-2 (eBook)
   DOI 10.1007/978-3-322-96731-2

Gesamtherstellung: Präzis-Druck GmbH, Karlsruhe
Einband: E. Kretschmer, Leipzig

Kurzfassung

Die vorliegende Arbeit beschäftigt sich mit der Optimierung von Verfahren der Laseroberflächenbehandlung bei gleichzeitiger Pulverzufuhr. Es werden Untersuchungen zum Beschichten, Legieren und Dispergieren unter drei Aspekten vorgestellt, nämlich den Prozeßgrundlagen, der Zufuhr des Zusatzwerkstoffs und der Realisierung der Verfahren.

Einen ersten Schwerpunkt stellt die Ermittlung des Einkopplungsgrads beim Laserumschmelzen dar. Hierzu wird eine Kenngröße der Prozeßeffizienz ermittelt. Mit Hilfe einer Hochgeschwindigkeitskamera und einer numerischen Simulation konnten die prozeßbestimmenden Abläufe bei diesem Verfahren erklärt werden. Ferner wird auf Möglichkeiten zur Erhöhung der Einkopplungseffizienz eingegangen.

Der zweite Schwerpunkt liegt in den Untersuchungen dreier Pulverfördersysteme, von denen zwei kommerziell erhältlich sind und eines die Entwicklung eines kooperierenden Instituts ist. Während das letztere speziell für kleine Förderraten entwickelt worden ist, arbeiten die ersten beiden Förderer im höheren Förderratenbereich. Mit dem Einsatz eines Zyklonabscheiders lassen sich deren hohe Gasdurchflüsse deutlich reduzieren.

Den dritten Schwerpunkt bilden die Experimente zur Herstellung fehlerfreier Verschleißschutzschichten durch Laserbehandlungen. Während sich die Strukturfehler beim Beschichten mit Stellit21 und beim Legieren mit Graphit bzw. WC durch richtige Wahl der Prozeßparameter verhindern lassen, ist das direkte Dispergieren von WC aufgrund dessen hoher Löslichkeit in der Eisenschmelze mit Rissen behaftet. Einwandfreies Dispersionsgefüge wird durch Beschichten mit dem Pulvergemisch WC/NiCrBSi hergestellt. Die abrasive Verschleißfestigkeit dieser Schichten ist vergleichbar mit der eines WC/Co-Hartmetalls.

Danksagung

Die vorliegende Arbeit entstand während meiner Tätigkeit als wissenschaftlicher Mitarbeiter am Institut für Strahlwerkzeuge (IFSW) der Universität Stuttgart. Herrn Prof. Dr.-Ing. H. Hügel, dem Direktor des Instituts, danke ich sehr herzlich für die Anregung zu dieser Arbeit, für die ständige Förderung und für die Übernahme des Hauptberichts.

Für die freundliche Übernahme des Mitberichts bedanke ich mich sehr bei Herrn Prof. Dr.-Ing. K. Kußmaul, dem Direktor der Materialprüfungsanstalt (MPA) Stuttgart.

Allen Mitarbeitern des Instituts, die mit Rat und Tat zum Gelingen dieser Arbeit beigetragen haben, möchte ich herzlich danken, insbesondere Herrn Dr. F. Dausinger für die stete Diskussions- und Hilfsbereitschaft, für die kritische Durchsicht des ersten Entwurfs und für viele Anregungen. Herr Dr.-Ing. St. Nowotny hat durch Diskussion und tatkräftige Hilfe wertvollen Beitrag zu dieser Arbeit geleistet. Dafür möchte ich ihm meinen besonderen Dank aussprechen. Herrn Prof. Dr.-Ing. E. Muschelknautz und Herrn Dr.-Ing. T. Schultz gilt mein besonderer Dank für viele Anregungen und für die großartige Hilfe bei der Entwicklung und Herstellung des Zyklonabscheiders.

Dank gebührt auch Studenten, die mich durch Studien- und Diplomarbeiten, oder als wissenschaftliche Hilfskräfte, unterstützt haben. Herrn R. Pfeifer, Dr. K. Frederking, Dr. S.Nowotny, B. Wiedemann und B. Keller danke ich für das sorgfältige Korrekturlesen und Anregungen.

Im besonderen Maße hat meine Frau, Dr.-Ing. K. Shi, durch ihre stete, großartige und vielseitige Unterstützung zum Gelingen dieser Arbeit beigetragen. Ich bin ihr daher zu großem Dank verpflichtet.

Inhaltsverzeichnis

Formelzeichen

A:	Absorptionsgrad;	%
A_e:	Einkopplungsgrad;	%
b:	Spurbreite;	mm
c_p:	Wärmekapazität;	J/(kg K)
C_f:	Flächenbeschichtungsrate;	mm²/s
C_v:	Beschichtungsrate;	mm³/s
d_L:	Strahldurchmesser;	mm
d':	Konstante;	-
F:	Querschnitt der bearbeiteten Spuren;	mm²
h:	Spurhöhe;	mm
h_p:	spezifische Schmelzenthalpie des Pulvermaterials;	J/kg
H:	Energiedichte des Laserstrahls;	J/mm²
i:	Überlappungsindex = 1-Überlappungsgrad;	-
I:	Strahlintensität;	W/cm²
k:	Extinktionskoeffizient;	-
$k_1..k_4$:	Konstante;	-
l:	Weg;	cm
m:	Masse;	kg
$\dot{m}_p$:	Pulvermassenstrom;	g/min
m_s:	Streckenmasse;	g/m
m_e:	auf die Energiedichte bezogene Streckenmasse;	g*mm/kJ
n:	Brechungsindex;	-
$\tilde{n}$:	komplexe Brechungsindex;	-
P:	Laserleistung;	W
P_w:	Leistungsverlust durch Wärmeleitung ins Substrat;	W
P_{Pulver}	für Umschmelzen des Pulverzusatzes aufgewandter Leistungsanteil	W
s:	Schichtdicke;	mm
$s_\ddot{U}$:	Dicke der überlappten Schichten;	mm
R:	Reflexionsgrad;	%
t:	Einschmelztiefe;	mm

Formelzeichen

Δt:	Zeitintervall;	s
T, T_E, T_0:	Temperatur;	°C
ΔT:	Temperaturintervall;	K
v:	Vorschubgeschwindigkeit;	m/min
Δy:	Spurversatz beim Überlappen;	mm

α:	Absorptionskoeffizient;	cm^{-1}
δ:	Überlappungsgrad;	%
ε, ε_0:	Dielektrizitätskonstanten;	C/(V m)
ζ:	Aufmischungsgrad;	%
η:	Wirkungsgrad;	%
θ:	Einfallswinkel des Laserstrahls;	°
θ_1, θ_2:	Einstellwinkel der Pulverzufuhrdüse;	°
λ:	Wärmeleitfähigkeit;	W/(K m)
ϱ:	spezifisches Gewicht;	g/cm^3
σ:	elektrische Leitfähigkeit;	$1/(\Omega\ m)$
ω:	Kreisfrequenz;	s^{-1}

1 Einführung

1.1 Laser für die Oberflächenbehandlung

Im Gegensatz zu anderen Lichtquellen sendet der Laser einen stark gebündelten, kohärenten Lichtstrahl mit hoher Energiedichte aus. Bei metallischen und vielen keramischen Werkstoffen wird die einfallende Laserenergie in einer dünnen Oberflächenschicht absorbiert, ohne tief ins Material einzudringen. So vermag der Laser gezielt Bereiche einer Werkstückoberfläche innerhalb kürzester Zeit aufzuheizen. Damit läßt sich der Laser als flexibles thermisches Werkzeug in der Oberflächenbehandlung einsetzen.

Bei der Oberflächenbehandlung werden Laser mit hoher Leistung benötigt. Die maximale Ausgangsleistung eines Lasers stellt daher eine wichtige Kenngröße dar. Beim heutigen Entwicklungsstand kommen insbesondere zwei Typen von Lasern in Betracht: CO_2- und Nd:YAG-Laser, die in Tabelle 1 zusammen mit maximaler Leistung sowie den Absorptionsgraden am Beispiel des Stahls (35CD4) bei einer Temperatur von 1000°C dargestellt sind [1].

Tabelle 1 Zwei anwendungsrelevante Lasertypen zur Oberflächenbehandlung mit den Werten des Absorptionsgrades bei 1000°C für den Stahl (35CD4) bei polierten Oberflächen [1].

Typ	max. Leistung	Wellenlänge	Absorptionsgrad
CO_2-Laser	25 kW	10,6 µm	ca. 11 %
Nd:YAG-Laser	2 kW	1,06 µm	ca. 30 %

CO_2-Laser verfügen mit Abstand über die höchste Ausgangsleistung und werden daher bevorzugt in der Oberflächenbehandlung eingesetzt. Sie haben jedoch den Nachteil des relativ kleinen Absorptionsgrads bei Metallen. Aus diesem Grunde ist beispielsweise beim Umwandlungshärten in den meisten Fällen eine Vorbeschichtung mit absorptionsförderndem Material unentbehrlich. Nd:YAG-Laser haben dagegen einen hohen Absorptionsgrad und sind durch Verwendung der Faseroptik sehr flexibel. Daher sagte Dausinger [2,3] eine vielversprechende

Zukunft der Nd:YAG-Laser in der Oberflächentechnik voraus. Da Multikilowatt-Nd:YAG-Laser erst seit kurzer Zeit kommerziell erhältlich sind, haben sie noch keinen Durchbruch in der Oberflächenbehandlung erzielen können.

1.2 Verfahren der Oberflächenbehandlung mit Lasern

In der Oberflächenbehandlung ist der Laserstrahl als räumlich eng begrenztes thermisches Werkzeug charakterisiert durch:

- hohe Aufheiz- und Abkühlgeschwindigkeit,
- geringe und präzise Wärmeeinbringung und
- einfache Integration in die automatisierte Produktionslinie.

Die lokale und schnelle Aufheizung ermöglicht eine kontrollierte und definierte Wärmeeinbringung. Daraus resultieren Vorteile wie beispielsweise geringer Verzug, Vermeidung der thermischen Zersetzung bestimmter Phasen und ein kleiner Aufmischungsgrad beim Beschichten. Ferner wird die Erzeugung thermodynamisch instabiler Phasen aufgrund der relativ schnellen Abkühlrate begünstigt [4,5].

Tabelle 2 Verfahren der Oberflächenbehandlung mit Lasern.

ohne partielle Aufschmelzung	mit partieller Aufschmelzung	
	ohne Zusatzmaterial	mit Zusatzmaterial
Umwandlungshärten	Umschmelzen	Legieren
	Glasieren	Beschichten
		Dispergieren

Die anwendungsrelevanten Verfahren der Oberflächenbehandlung mit Lasern, abgesehen von der Dünnschichtbearbeitung (mit der Schichtdicke in Größenordnung von 1 μm), sind in Tabelle 2 dargestellt. Beim Umwandlungshärten werden die Prozeßparameter so gesteuert, daß die Werkstückoberfläche bis auf eine Temperatur knapp unter dem Schmelzpunkt aufgeheizt wird. Durch martensitische Umwandlung in der festen Phase wird während der schnellen Abkühlung ein Härtungseffekt erzielt. Hierbei wird ein Werkstoff mit einer geeigneten chemischen Zusammensetzung vorausgesetzt. Beispielsweise muß beim Umwandlungshärten von Stahl ein Mindestgehalt an Kohlenstoff von 0,3 Gew.-% vorliegen. Die Werkstückoberfläche wird partiell aufgeschmolzen, wenn eine höhere Bestrahlungsintensität als beim Umwandlungshärten eingestellt wird. Bei Gußeisen können beispielsweise die

Oberflächeneigenschaften allein durch Laserumschmelzen verbessert werden [6,7]. In vielen Fällen wird sehr hohe Verschleiß- und Korrosionsfestigkeit verlangt, die über die Werkstoffgrenzen hinaus gehen. Es ist dann notwendig, Zusatzelemente ins Schmelzbad zuzuführen.

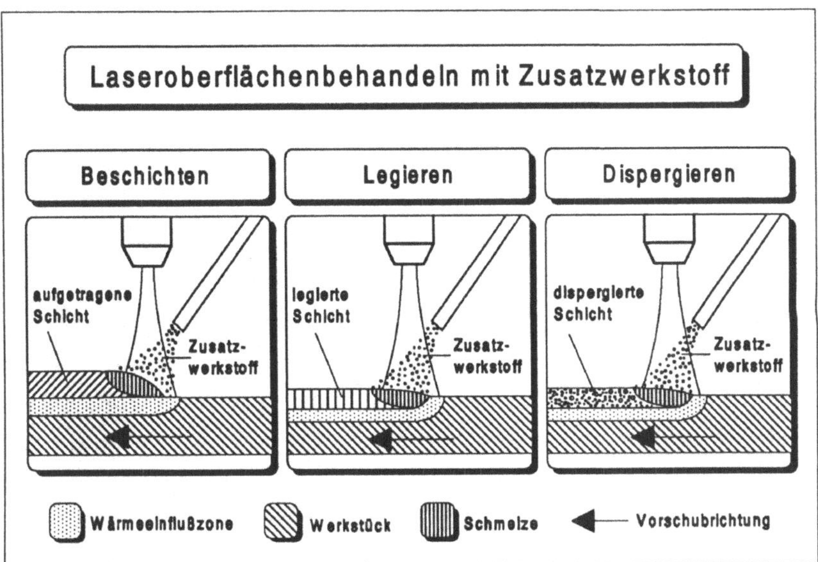

Bild 1   Schematische Darstellung der Verfahrensvarianten Laserlegieren, -beschichten und –dispergieren bei gleichzeitiger Pulverzufuhr.

Das Oberflächenbehandeln mit Zusatzwerkstoff kann in die Verfahren Laserlegieren, –beschichten und –dispergieren gegliedert werden. Bild 1 zeigt eine schematische Darstellung dieser drei Verfahrensvarianten bei gleichzeitiger Pulverzufuhr. Das Laserlegieren umfaßt das Aufschmelzen des Substratmaterials und gleichzeitiges Auflösen des Zusatzwerkstoffs im Schmelzbad. Dadurch entsteht eine neue Legierung mit den gewünschten Eigenschaftsverbesserungen an der Bauteiloberfläche. Im Falle des Beschichtens wird die Aufmischung des Pulvers mit dem Substratmaterial möglichst vermieden, um die Eigenschaften des zu beschichtenden Werkstoffs nicht zu beeinträchtigen. Bei Verwendung hochschmelzender Werkstoffe wie z.B. Karbide als Zusatzelemente werden diese, ähnlich dem Legieren, in einem Schmelzbad aus duktilem Substratmaterial gleichmäßig verteilt, ohne zersetzt zu werden. Dieses Verfahren wird als Dispergieren bezeichnet. Zwischen diesen drei Verfahren können oft keine eindeutigen Grenzen gezogen werden. So ist es z.B. möglich, ein Dispersionsgefüge durch Beschichten mit einem Pulvergemisch aus einer metallischen Legierung und Hartstoff herzustellen. Hierfür kann das Pulvergemisch je nach dem Anwendungsfall, solange keine metallurgische Probleme auftreten, beliebig zusammengesetzt werden.

Die gesamte Prozeßführung ist durch eine gleichzeitige Pulverzufuhr in einem Arbeitsgang durchführbar (einstufiger Prozeß). Anstelle des Pulvers kann der Zusatzwerkstoff auch als Bandmaterial, in Drahtform oder gasförmig zugeführt werden. Bei einer zweistufigen Prozeßführung muß zunächst der Zusatzwerkstoff durch ein geeignetes Verfahren auf der Werkstückoberfläche aufgetragen werden; es sei hier das Plasmaspritzen, die elektrolytische Beschichtung bzw. der Siebdruck genannt. Anschließend erfolgt die Oberflächenbehandlung mit Lasern. Bei einstufigen Verfahren wird nicht nur ein Arbeitsgang eingespart, es bestehen auch Vorteile hinsichtlich der Flexibilität.

Als Beispiel der Gaszuführung wird das Nitrieren von Titan-Werkstoffen in der Praxis durchgeführt [8]. Dabei wird ein Titansubstrat unter einer Stickstoffatmosphäre umgeschmolzen. Durch die Gasreaktion von Ti mit N_2 entsteht eine goldfarbene TiN-Schicht an der Werkstückoberfläche. Bei Draht- bzw. Bandzufuhr ist die Auswahl der Zusatzwerkstoffe erweitert. Es wird berichtet, daß mit vorgewärmten Zusatzdrähten aus der Kobaltbasislegierung (StellitF) mit dem Laser beschichtet wird [9]. Im Vergleich zu den beiden oben genannten Varianten bietet die simultane Pulverzufuhr die größte Werkstoffauswahl. Für sehr harte Karbide mit kleinem Gehalt an metallischer Bindephase ist es sehr schwierig, diese zu Drähten oder Bändern zu verarbeiten, jedoch ist dieses Material in Form von Pulver kommerziell erhältlich.

Die vorliegende Arbeit beschäftigt sich vorwiegend mit den Verfahren des Laserlegierens, -beschichtens und -dispergierens bei gleichzeitiger Pulverzufuhr (Bild 1). Es wird nachfolgend auf die Energieeinkopplung beim Umschmelzen (Kapitel 4), Beschichten bzw. Legieren mit gleichzeitiger Pulverzufuhr (Kapitel 4.5.5), auf Pulverzufuhrsysteme (Kapitel 5) und auf Laserbehandlungsprozesse (Kapitel 6) näher eingegangen. Als Beispiele der zweistufigen Prozesse sei an dieser Stelle auf Kapitel 2.3 bis 2.6 verwiesen.

2 Grundlagen und Kenntnisstand

Die meisten Veröffentlichungen zur Laseroberflächenbearbeitung beschäftigen sich mit den verfahrenstechnischen bzw. werkstoffkundlichen Aspekten. Über die Energieeinkopplung bei den Prozessen mit partiellem Umschmelzen wird relativ wenig berichtet. Noch seltener sind Arbeiten über Pulverfördersysteme. In diesem Kapitel werden zunächst Grundlagen und Kenntnisstand über die Energieeinkopplung beim Laserumschmelzen dargestellt. Danach wird die Schmelzbadbewegung (Marangoni-Konvektion) kurz beschrieben. Da Risse und Poren in den Bearbeitungsschichten ein großes Problem der Oberflächenbehandlung darstellen, wird bei der Beschreibung des Entwicklungsstandes insbesondere diese Problematik und die damit verbundenen Eigenspannungen intensiv berücksichtigt.

2.1 Einkopplung der Laserenergie

2.1.1 Grundlagen der Strahlabsorption

Trifft ein Laserstrahl auf die Grenzfläche zweier Medien, wird im allgemeinen ein Teil davon reflektiert und der Rest dringt in das zweite Medium ein. Unter Reflexionsgrad R versteht man den prozentualen Anteil der reflektierten zur auftreffenden Strahlleistung [10]. Wird die in das zweite Medium eingedrungene Strahlleistung an der Grenzfläche (l=0) als P_0 bezeichnet, schwächt sich diese auf einem Weg l ab,

$$P(l) = P_0 \cdot \exp\,(-\alpha \cdot l)\;\;,\tag{1}$$

wobei α der Absorptionskoeffizient ist und die Dimension cm^{-1} hat. Wenn l_a=1/α ist, wird die Strahlleistung gerade um den Faktor e geschwächt, man nennt l_a=1/α die Absorptionslänge. Bei metallischen Werkstoffen ist der Absorptionskoeffizient (für Wellenlängen zwischen 0,1 und 10 μm) sehr groß, die Größenordnung liegt bei 10^5 bis 10^6 cm^{-1} [11]. Damit beträgt die Eindringtiefe eines Laserstrahls in Metalle weniger als 0,1 μm. Bei der Oberflächenbehandlung haben die metallischen Bauteile eine viel größere Abmessung und sind daher für Laserstrahlen nicht transparent. Der Absorptionsgrad A ist dann der auf die einfallende Leistung bezogene prozentuale Anteil der Gesamtleistung, welcher in das Medium eindringt. Daher gilt:

$$R + A = 1 \; . \tag{2}$$

Nach der klassischen Elektronentheorie kann der extrem große Absorptionskoeffizient von Metallen mit der hohen Anzahl von freien Elektronen erklärt werden. Der Laserstrahl ist eine elektromagnetische Welle, bei deren Auftreffen auf metallische Werkstücke ein elektrisches Feld wirkt. Durch Wechselwirkung der freien Elektronen des bestrahlten metallischen Werkstücks mit dem elektrischen Feld wird die Strahlungsenergie an die Elektronen übertragen, die ihrerseits durch Stoßvorgänge diese Energie an das Kristallgitter des Metalls weitergeben. Nach der Drude-Theorie, die auf den Maxwell'schen Gleichungen aufbaut, kann der Reflexionsgrad von Metallen für Wellenlängen größer als 10 µm durch die Hagen-Rubens-Beziehung

$$R(\omega) = 1 - 2 \sqrt{\frac{2 \, \varepsilon_0 \, \omega}{\sigma}} \tag{3}$$

annährend berechnet werden. Dabei ist ω die Kreisfrequenz des Laserstrahls, σ die temperaturabhängige elektrische Leitfähigkeit des Metalls und ε_0 die Dielektrizitätskonstante im Vakuum. Da die elektrische Leitfähigkeit des Metalls temperaturabhängig ist, ist aus dieser Gleichung die Abhängigkeit des Absorptionsgrads von der Temperatur und der Wellenlänge zu erkennen. Sie stellt auch eine Beziehung zwischen den optischen und elektrischen Eigenschaften des Metalls her.

Der Reflexionsgrad ist beim polarisierten Strahl vom Einfallswinkel abhängig. Nach Fresnel [10] können in Bezug zur Polarisationsebene ein senkrechter und paralleler Anteil des Reflexionsgrades durch

$$R_\perp = \left[- \frac{(\sqrt{\tilde{n}^2 - \sin^2\theta} - \cos\theta)^2}{\tilde{n}^2 - 1} \right]^2 \tag{4}$$

und

$$R_\parallel = \left[\frac{\tilde{n}^2 \cos\theta - \sqrt{\tilde{n}^2 - \sin^2\theta}}{\tilde{n}^2 \cos\theta + \sqrt{\tilde{n}^2 - \sin^2\theta}} \right]^2 \tag{5}$$

bestimmt werden. Der komplexe Brechungsindex $\tilde{n}$ ist von der Wellenlänge abhängig und wird durch

$$\tilde{n}(\lambda) = n(\lambda) + i \, k(\lambda) \tag{6}$$

angegeben, mit dem reellen Brechungsindex n und dem Extinktionskoeffizienten k.

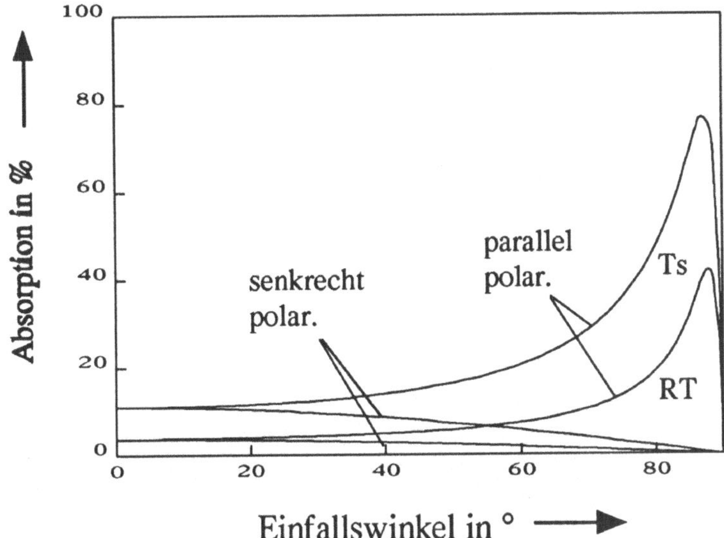

Bild 2   Absorptions- und Reflexionsgrad in Abhängigkeit vom Einfallswinkel bei Raum- (RT) und Schmelztemperatur (T_s) [12].

Bild 2 zeigt exemplarisch die Abhängigkeit des Absorptionsgrads eines linear polarisierten CO_2-Laserstrahls vom Einfallswinkel bei der Raum- und Schmelztemperatur [12]. Für den senkrecht polarisierten Strahl sinkt der Absorptionsgrad mit steigendem Einfallswinkel. Dagegen nimmt der Absorptionsgrad eines parallel polarisierten Strahls mit dem Einfallswinkel zu und fällt nach dem Erreichen des Maximums bei einem großen Einfallswinkel (auch als "Brewster-Winkel" bezeichnet) abrupt auf Null ab. Das Maximum liegt etwa zehnmal höher als der Absorptionsgrad beim senkrechten Einfall des Laserstrahls. Für Stähle bei CO_2-Laserstrahlung liegt der Brewster-Winkel typischerweise über 85°.

2.1.2 Lasereinkopplung in verschiedenen Intensitätsbereichen

In der Lasermaterialbearbeitung wird oft statt des Absorptionsgrads der Begriff Einkopplungsgrad verwendet. In ersterem werden die Verluste, hervorgerufen durch Wärmestrahlung, Konvektion oder durch mangelhaften Wärmeübergang von der Absorptionsschicht zum Werkstück, nicht berücksichtigt. Die zur Temperaturerhöhung des Werkstücks genutzte Energie wird auf die gesamte Energie des einfallenden Strahls bezogen. In einem realen Bearbeitungsprozeß sind die o.g. Energieverluste nicht erfaßbar, daher wird nachfolgend dort die Bezeichnung Einkopplungsgrad benutzt.

Die Einkopplung der Strahlenergie bei der Lasermaterialbearbeitung ist nicht nur von der Wellenlänge (Tabelle 1) und Polarisation (Bild 2) des Strahls, sondern auch stark von der Strahlintensität abhängig. Nach Hügel [11] lassen sich die physikalischen Phänomene, die bei der Einkopplung auftreten, gemäß Bild 3 in vier Intensitätsbereiche unterteilen:

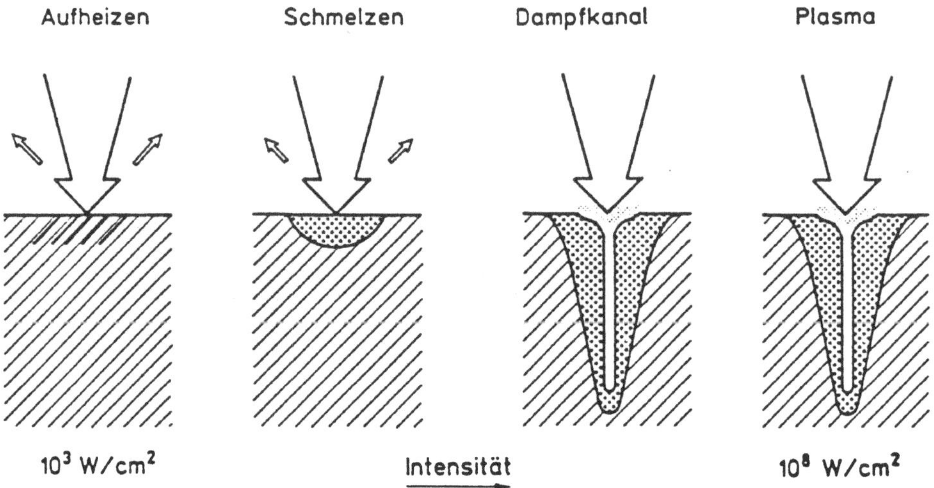

Bild 3   Wechselwirkungsprozesse zwischen Laserstrahl und Werkstück [11].

1)   Bei Intensitäten im Bereich bis 10^4 W/cm^2 hängt der Einkopplungsgrad vorwiegend von der Wellenlänge der Strahlung, den Materialeigenschaften und der Oberflächenbeschaffenheit des Werkstücks ab. Die eingebrachte Laserenergie führt zur Aufheizung des Werkstücks. Das Laserumwandlungshärten wird in diesem Bereich durchgeführt.

2)   Wird die Intensität auf 10^5 bis 10^6 W/cm^2 erhöht, beginnt die Werkstückoberfläche aufzuschmelzen und lokale Verdampfung setzt ein. Die Einkopplung nimmt etwas zu.

3)   Bei Intensitäten in der Größenordnung einiger 10^6 W/cm^2 bildet sich ein Dampfkanal mit einem dem Laserspot vergleichbaren Durchmesser aus. Infolge der Vielfachreflexion des Laserstrahls an den Wänden des Dampfkanals steigt der Einkopplungsgrad auf einen sehr hohen Wert. Die Bearbeitungsverfahren Laserschweißen, -schneiden und −bohren arbeiten in diesem Intensitätsbereich.

4)   Bei einer weiteren Erhöhung der Intensität (im Bereich 10^7 bis 10^8 W/cm^2) entsteht Plasma über der Bearbeitungsstelle. Infolge der abschirmenden Wirkung der Plasmawolke sinkt die Strahlabsorption am Werkstück.

Da sich diese Arbeit sich mit der Oberflächenbehandlung von Stahl beschäftigt, werden nachfolgend nur Einkopplungsgrade von Stählen (in Intensitätsbereichen 1 und 2) betrachtet.

2.1.3 Einkopplung der Laserenergie unterhalb der Schmelztemperatur

Stern [1] hat die Absorptionsgrade von Stählen mit den beiden technisch interessanten Lasern, CO_2- und Nd:YAG-Laser, gemessen (Tabelle 3). Dabei fand er bei Raumtemperatur den Absorptionsgrad von CO_2-Lasern um 5% und von Nd:YAG-Lasern um 30%.

Tabelle 3 Absorptionsgrad von CO_2- und Nd:YAG-Lasern auf Stählen mit den polierten Oberflächen bei Raumtemperatur [1].

Material mit polierten Oberflächen	Absorptionsgrad in %	
	CO_2-Laser (10,6 µm)	Nd:YAG-Laser (1,06 µm)
Stahl 35NCD16	5,15-5,75	29,75-30,00
Stahl 35CD4	4,45-4,55	28,60-29,40

Kim und Koautoren [13] berichteten über die Bestimmung der Einkopplungsgrade von Einsatzstahl (SM45C) und rostfreiem Stahl (SS304). Im niedrigen Temperaturbereich beträgt der Einkopplungsgrad 6.2% für SM45C und 9% für SS304. Diese sind in guter Übereinstimmung mit den analytisch bestimmten Werten nach der Hagen-Rubens-Beziehung. Ähnliche Ergebnisse wurden auch in [14] veröffentlicht.

Nach Stern [1] bleibt der Absorptionsgrad des CO_2-Lasers bei einer Temperaturerhöhung auf 1000°C mit 11% niedrig. Falls keine Schutzgasatmosphäre bei der Laserbestrahlung verwendet wird, findet eine Oxidation im bestrahlten Oberflächenbereich statt. Diese führt zu höheren Absorptionsgraden als sie von der Hagen-Rubens-Beziehung vorhergesagt sind [13].

In den praktischen Anwendungen werden Werkstücke mit technischen Oberflächen (gedreht, gefräst und sandgestrahlt) für Bearbeitungen eingesetzt. Die Rauhigkeit der Oberfläche hat einen großen Einfluß auf den Absorptionsgrad. In Tabelle 4 sind die Werte für Stahl 35NCD16 für unterschiedliche Oberflächen zusammengestellt. Bei Raumtemperatur nimmt der Absorptionsgrad mit der Rauhigkeit linear zu.

Aufgrund der niedrigen Absorptionsgrade bei Stählen wurden beim Umwandlungshärten mit CO_2-Lasern die zu härtenden Werkstücke vor der Bestrahlung meist mit einer absorptionsfördernden Substanz beschichtet [15,16,17,18,19]. Absorptionsgrade der CO_2-Strahlung bei Stählen mit unterschiedlichen Oberflächenrauhigkeiten und Vorbeschichtungen sind in [20]

Tabelle 4 Absorptionsgrad in Abhängigkeit von der Rauhigkeit der verschiedenen Werkstückoberflächen für den Stahl 35NCD16 [1].

Surface condition	R_a [μm] arithmetic average roughness	Absorptivity [%] at wavelength of CO_2 laser $\lambda = 10.6\ \mu$m (unpolarized)	Absorptivity [%] at wavelength of CO laser $\lambda = 5.3 - 5.6\ \mu$m (unpolarized)	Absorptivity [%] at wavelenght of YAG laser $\lambda = 1.06\ \mu$m (unpolarized)
polished	0.02	5.15 - 5.25	8.55 - 8.70	29.75 - 30.00
ground	0.21	7.45 - 7.55	12.85 - 12.95	38.90 - 40.10
ground	0.28	7.70 - 7.80	13.10 - 13.20	40.20 - 41.40
milled	0.87	5.95 - 6.05	10.15 - 10.35	33.80 - 34.20
milled	1.10	6.35 - 6.45	10.85 - 11.00	34.10 - 34.40
milled	2.05	8.10 - 8.25	13.50 - 13.70	41.80 - 42.50
milled	2.93	11.60 - 12.10	19.85 - 20.60	52.80 - 53.20
milled	3.35	12.55 - 12.65	21.35 - 21.50	51.40 - 51.70
sandblasted	1.65	33.85 - 34.30	42.40 - 42.80	68.20 - 68.40
ground + colloidal graphite	---	74 - 76	77 - 78	88 - 92

zusammengefaßt. Mit einigen Ergänzungen sind sie in Tabelle 5 aufgeführt.

Neben der Vorbeschichtung mit den einkopplungsfördernden Substanzen wird beim Umwandlungshärten auch der Schrägeinfall eines linear polarisierten Laserstrahls zur Einkopplungserhöhung benutzt. Dadurch konnten Dausinger und Rudlaff einen deutlich höheren Einkopplungsgrad beim Härten mit dem CO_2-Laser erreichen [21]. Eine weitere Möglichkeit zur Einkopplungserhöhung ist der Einsatz eines kurzwelligen Nd:YAG- bzw. CO-Lasers für die Härteprozesse [20].

2.1.4 Einkopplung der Laserenergie oberhalb der Schmelztemperatur

Obwohl die Verfahren der Laseroberflächenbehandlung mit partiellem Umschmelzen (Laserbeschichten, -legieren und -dispergieren) technisch sehr interessant und viele Arbeiten auf diesem Gebiet publiziert worden sind, ist das Einkopplungsverhalten der Laserenergie in die Metallschmelze sehr wenig erforscht. Nachfolgend werden einige Studien über Einkopplung der CO_2-Laserstrahlen bei Oberflächenbehandlungen beschrieben.

Kim und Koautoren haben in der oben erwähnten Arbeit [13] die Einkopplungsgrade des CO_2-Lasers für SM45C und SS304 bei einer Temperatur knapp über dem Schmelzpunkt bestimmt. Obwohl die Einkopplungsgrade der beiden Stähle im niedrigen Temperaturbereich aufgrund der verschiedenen chemischen Zusammensetzungen (bei einer Bestrahlungszeit von 30 s) recht unterschiedlich sind, weisen sie nach einer 5 Sekunden langen Bestrahlung mit dem CO_2-Laser bei 750 W in flüssiger Phase fast die gleichen Werte (40% für SS304 und

Tabelle 5 Eine Übersicht des Absorptionsgrads von CO_2-Lasern bei Stählen mit unterschiedlichen Oberflächenrauhigkeiten und Beschichtungen [20].

Material	Oberfläche bzw. Beschichtungen	Meßmethode bzw. Temperatur	Einkopplung in %	Ref.
S.S. 304	poliert	kalorimetrisch, RT	8,5	[15]
Cf53	poliert	Reflexionsmessung Raumtemperatur	5-9	[16]
Ck35	gefräst		30-40	
100Cr6	graphitiert		65-90	
Cf53	Oxid		90	
	Lackfarbe		>95	
	Sandpapier		8-10	
	sandgestrahlt, 19µm		65	
	sandgestrahlt, 50µm		75	
Ck45	poliert	kalorimetrisch, RT	4,5	[20]
Ck45	geschliffen	kalorimetrisch, RT	8,5	[18]
	gefräst		18	
	sandgestrahlt		35	
	Manganphosphat		65-85	
	Zinkphosphat		55	
	Graphit		77	
Ck85	poliert	Reflexionsmessung Raumtemperatur	10	[17]
	gefräst		12-50	
	sandgestrahlt		55	
	Graphit		85	
	Phosphat		75	
Gußeisen	Phosphat	kalorimetrisch 1000W Leistung bis 500°C	59	[19]
	Graphit		64	
	sandgestrahlt		33	
	Titanoxid		71	

41% für SM45C) auf. Die hohen Einkopplungswerte werden mit der während der Prozesse einsetzenden Oxidation und der amorphen Struktur der Schmelze erklärt.

Dekumbis und Koautoren [14] berichteten über kalorimetrische Messungen der Einkopplungsgrade eines 1,5 kW CO_2-Lasers während der Laserumschmelzprozesse. Der Einkopplungsgrad beträgt bei Stählen je nach Prozeßparametern zwischen 10% und 25%. Die maximalen Werte sind bei großem Strahldurchmesser beobachtet worden, unter der Voraussetzung, daß gerade

noch umgeschmolzen wird. Wenn die Schmelzphase nicht mehr auftritt, entsprechen die
Einkopplungswerte denjenigen in der festen Phase. Die Einkopplung bei kleinem Strahldurchmesser ist niedriger. Die genaue Ursache der Parameterabhängigkeit wurde nicht geklärt.

Marsden und Koautoren [22] untersuchten das Einkopplungsverhalten beim Laserbeschichten
mit gleichzeitiger Pulverzufuhr. Als Pulvermaterial diente die metallische Co-Basislegierung
Stellit6. Die Abschwächung der Laserleistung durch die Abschirmung des Pulverstroms
wurde als lineare Funktion der Pulverförderrate festgestellt und ist unabhängig von der Größe
der Laserleistung. Die kalorimetrisch gemessenen Einkopplungsgrade steigen mit der Pulverförderrate. Bei den Versuchsbedingungen liegen diese im Bereich 15-26%.

2.2 Schmelzbadbewegung

Bei den Umschmelzprozessen findet die Energieeinkopplung nur in einer sehr dünnen Oberflächenschicht statt, die umgeschmolzen wird. Durch Wärmeleitung und Konvektion des
Schmelzbads wird die eingekoppelte Laserenergie ins umgebende Substratmaterial geleitet.
Bei Überschreitung der Schmelztemperatur entsteht sich ein dünner Schmelzfilm an der Oberfläche. Mit zunehmender Energiezufuhr bildet sich ein Schmelzbad. Die Temperatur fällt von
der Schmelzbadmitte zum Rand hin und von der Oberfläche ins Werkstückinnere ab. Die
typische Form eines Schmelzbadquerschnitts ähnelt einem Kreissegment, wie es auch bei dem
von der Wärmeleitung bestimmten WIG-Schweißprozeß der Fall ist. Im Schmelzbad findet
eine Konvektionsbewegung (Marangoni-Konvektion) statt.

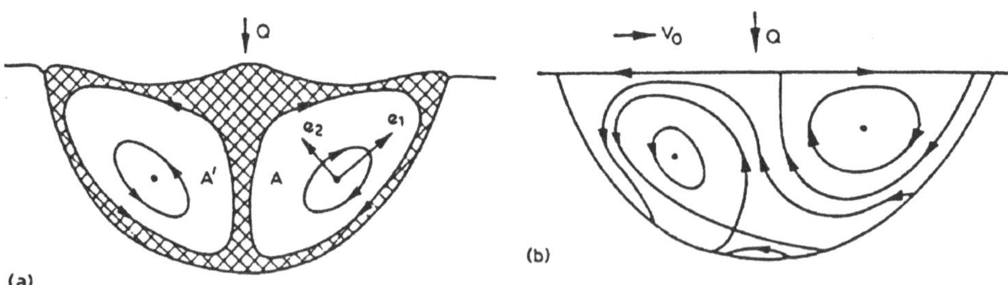

Bild 4   Schematische Darstellung der Marangoni-Konvektion im Schmelzbad, nach einer
numerischen Simulation [23]. a) Querschnitt, b) Längsschnitt.

Die in der Schmelze wirkenden Kräfte sind Gewichtskräfte, vom Temperaturgradient hervor-
gerufene Oberflächenspannungen und Auftriebskräfte, die auf die Dichteänderungen in unter-

schiedlichen Temperaturbereichen zurückzuführen sind. Im normalen Fall sinkt die Oberflächenspannung mit der Temperatur. Daher wirkt in der Schmelze durch die Differenz der
Oberflächenspannungen eine Kraft in Richtung niedrigerer Temperatur. Die Schmelze fließt
demgemäß von der Mitte zum Rand hin, ändert dann ihre Richtung nach unten und bewegt
sich von der unteren Schmelzbadmitte wieder nach oben [23]. Bild 4 zeigt beispielhaft die
typische Konvektionsbewegung in einem Schmelzbad. Im Vergleich zu den Oberflächenspannungen spielen die Auftriebkräfte dabei nur eine untergeordnete Rolle.

Heiple und Roper [24] haben durch experimentelle Untersuchungen nachgeweisen, daß in
Stählen einige "oberflächenaktive Elemente" (Schwefel, Sauerstoff und Selen) einen positiven
Temperaturkoeffizient der Oberflächenspannung erzeugen können. Dies führt zu einer umge-
kehrt verlaufenden Konvektionsströmung der Schmelze, wodurch das Schmelzbad schmäler
und tiefer wird.

Desweiteren ist die Konvektionsbewegung sehr stark von den Prozeßbedingungen abhängig.
So wird bei niedriger Strahlintensität ein flaches Schmelzbad erzeugt, wobei der niedrige
Temperaturgradient und die flache Geometrie sich ungünstig für die Konvektionsbewegung
auswirken. Die Vorschubgeschwindigkeit und die Wärmeleitfähigkeit des Werkstoffs sind
weitere wichtige Einflußfaktoren. Bei sehr hoher Bearbeitungsgeschwindigkeit oder einer sehr
guten Wärmeleitfähigkeit des Substratmaterials kann die Konvektion der Schmelze unter
Umständen unterdrückt werden.

2.3 Laserbeschichten mit metallischen Hartlegierungen

Zu den metallischen Hartlegierungen zählen hauptsächlich Kobalt- und Nickelbasislegierungen, die einen hohen Widerstand gegen Gleitverschleiß bis in den Hochtemperaturbereich
aufweisen. Aufgrund der meist vorhandenen hohen Konzentration an Nickel und Chrom sind
sie gleichzeitig auch korrosionsbeständig. Daher finden sie eine breite Anwendung in der
Industrie. Als gängige Auftragmethoden dieser beiden Legierungsgruppen sind WIG-
Schweißen und Plasmaspritzen zu nennen. Das WIG-Schweißen ist aufgrund der großen
Wärmeeinbringung mit einem hohen Aufmischungsgrad des Substratmaterials und einem
starken thermischen Verzug verbunden. Der hohe Aufmischungsgrad führt zu einer hohen
Eisenkonzentration in den Beschichtungen, die bei beiden Legierungstypen eine Reduktion
der Härte und Verschleißfestigkeit zur Folge hat [25,26]. Beim Plasmaspritzen wird zwar eine
starke Aufmischung des Substratmaterials vermieden, jedoch stellen die unzulängliche Verbindung zum Grundmaterial und die hohe Porendichte die typischen Nachteile des Verfahrens

dar.

Das Laserbeschichten stellt eine gute Alternative dar, um eine gute metallurgische Verbindung zum Substrat zu gewährleisten und gleichzeitig eine geringe Eisenaufmischung und Porendichte zu erzielen. Im Vergleich zum konventionellen Auftragsbeschichten weisen laserbehandelte Schichten sowohl verbesserte mechanische Eigenschaften als auch eine erhöhte Korrosionsbeständigkeit auf [27].

Die Beschichtungsergebnisse werden von vielen Faktoren beeinflußt. Bei gegebener Laseranlage und Pulverfördersystem sind die Einflußfaktoren auf Material, Pulverdüse, Laserstrahl und Bearbeitungsmaschine reduziert (Tabelle 6).

Tabelle 6 Einflußparameter beim Laserbeschichten.

Material	Pulverdüse	Laserstrahl	Maschine
- Absorptionsgrad - Wärmeleitfähigkeit, -kapazität - thermische Ausdehnung - chemische Verträglichkeit	- Abstand zum Schmelzbad - Zufuhrrichtung - Düsendurchmesser - Pulvergeschwindigkeit - Trägergas	- Laserleistung - Strahldurchmesser - Intensität - Polarisation	- Geschwindigkeit - Wärmeabfuhr - Schutzgas

Die Werkstoffauswahl ist ein sehr gewichtiger Aspekt bei der Laserbeschichtung. Für den Verfahrensentwickler ist diese meist eine feste Vorgabe, da sie von der späteren Einsatzsituation abhängt. Bei der Frage, welche Werkstoffkombinationen für die Laserbeschichtung möglich sind, gaben Weerasinghe und Koautoren eine sehr optimistische Antwort [28]. "Alle Werkstoffkombinationen sind möglich, wenn der Schmelzpunkt des zu beschichtenden Werkstoffs nicht viel höher ist als der des Substrats". Einerseits ist es zwar richtig, daß durch die schnelle und präzise Aufheizung und Abkühlung bei der Laserbeschichtung der Werkstoffauswahlkreis wesentlich erweitert wird, aber anderseits darf man die Einschränkung durch die Rißproblematik, hervorgerufen durch Eigenspannungen, und die chemische Verträglichkeit nicht übersehen. Auf das Problem der Eigenspannung wird in Kapitel 2.6 näher eingegangen.

Die Pulverdüse wurde in fast allen Veröffentlichungen als ein sehr wichtiger Einflußfaktor für die Prozesse mit gleichzeitiger Pulverzufuhr erkannt. Marsden und Koautoren stellten in [29] eine systematische Untersuchung zur Optimierung der Düseneinstellung vor. Zur

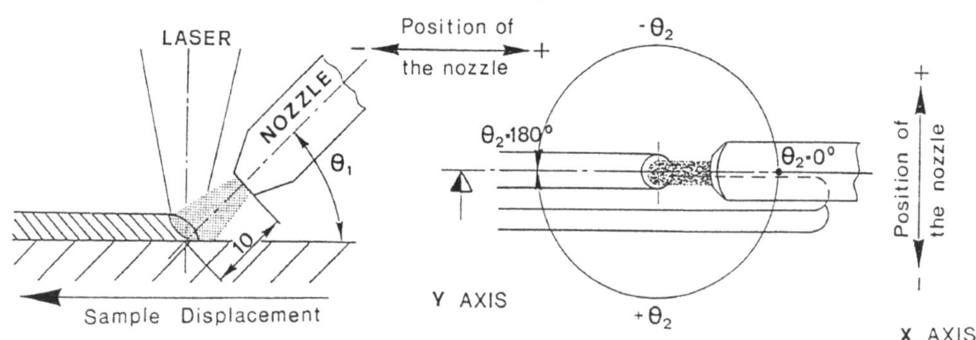

Bild 5   Skizze zur Definition der Einflußparameter der Pulverdüse [29].

Erläuterung der untersuchten Einflußparameter zeigt Bild 5 eine schematische Darstellung der Düsenanordnung. Die variierten Parameter sind vertikaler und horizontaler Winkel θ_1 und θ_2, der Versatz des Auftreffpunktes des Pulverstroms relativ zum Laserstrahl y (parallel) und x (senkrecht) zur Probenvorschubrichtung.

Der Nutzungsgrad des Pulvermaterials ergibt sich aus dem Verhältnis von der in der Schmelzschicht eingebundenen Pulvermasse zu der in der gleichen Zeiteinheit geförderten gesamten Pulvermasse. Er stellt ein Maß für die vorgesehene verfahrenstechnische Optimierung der Pulverdüseneinstellung dar. Im Bereich von 20-65° zeigte der Pulvernutzungsgrad eine lineare Zunahme mit dem Winkel θ_1 (Bild 5 links). Aus der Skizze (Bild 5 rechts) wird deutlich, daß die Projektion der Schmelzbadoberfläche (in Richtung der Pulverdüse) vom Winkel θ_2 abhängig ist. Bei einer schleppenden Pulverzufuhr ($\theta_2=0°$) war der Nutzungsgrad am größten [29]. Er sank mit zunehmendem θ_2 und erreichte ein Minimum bei $\theta_2=180°$ (einer stechenden Anordnung). Es wurde empfohlen, die Position des Auftreffpunkts genau in der Mitte des Schmelzbads einzustellen.

Der Einfluß der Geschwindigkeit der Pulverpartikel wurde von Weerasinghe [30] untersucht. Bei wachsender Partikelgeschwindigkeit wurde eine eindeutige Abnahme des Spurquerschnitts festgestellt. Ferner wurde bei Verwendung von feinkörnigem Pulver eine bessere Oberflächenqualität erzielt.

Bruck [31] beschrieb den qualitativen Einfluß verschiedener Laserparameter auf die Spurbildung bei zweistufigen Prozessen. Während die Spurbreite hauptsächlich vom Strahldurchmesser abhing, nahm die Spurhöhe linear mit der Dicke der Vorbeschichtung zu. Der Benetzungswinkel war hinsichtlich der Spurüberlappungen ein wichtiger Parameter und nahm annähernd linear mit der Dicke der Vorbeschichtung ab. Eine Abhängigkeit des Benetzungswinkels von den anderen Laserparametern konnte nicht festgestellt werden. Ferner wurde beobachtet, daß der Aufmischungsgrad in direktem Zusammenhang mit der Energiedichte stand, die durch

$$H = \frac{P}{d_L \cdot v} \ .$$

(7)

definiert wurde. Da der Aufmischungsgrad mit fallender Geschwindigkeit v und wachsender Strahlleistung P stieg, bewirkte die Zunahme der Energiedichte einen Anstieg des Aufmischungsgrads. Außerdem erhöhte sich der Aufmischungsgrad mit steigender Intensität und mit abnehmender Schichtdicke des Pulvers.

Weerasinghe [30] und Li [32,33] stellten Gleichungen zur Beschreibung von Beschichtungsversuchen bei gleichzeitiger Pulverzufuhr auf:

$$C_f = i \cdot b \cdot v \ ,$$

(8)

$$i = \exp\left[-\frac{h}{1,8 \cdot s_{\ddot{u}}} \right],$$

(9)

$$b = d' \cdot (1 - k_1 \cdot v) \ ,$$

(10)

$$s = k_2 \frac{\dot{m}_P}{v} \ ,$$

(11)

$$\zeta = k_3 \frac{P}{d_L} - k_4 \dot{m}_P \ .$$

(12)

Damit konnte ein rechnerunterstütztes Optimierungsverfahren beim Laserbeschichten mit gleichzeitiger Pulverzufuhr hinsichtlich der Flächenbeschichtungsrate entwickelt werden.

Der Aufmischungsgrad war auch Thema einer Untersuchung von Marsden und Koautoren [34]. Aus der Energiebilanz leiteten sie einen linearen Zusammenhang von spezifischer Energiedichte E_m und Aufmischungsgrad

$$E_m = k_5 \frac{\zeta}{1-\zeta} + k_6$$

(13)

her. Diese Beziehung konnten sie beim Laserbeschichten mit den experimentellen Daten von mehreren Werkstoffkombinationen belegen.

In vielen Veröffentlichungen wurde über das Laserbeschichten mit Co-Basis-Legierungen [35-41] und mit Nickelbasislegierungen [35,41-46] berichtet. In einigen Fällen ließen sich diese Legierungen riß– und nahezu porenfrei beschichten. Bei manchen (vor allem bei Nickelbasis–) Legierungen traten Risse auf, die jedoch durch Vorheizen verhindert werden konnten. Über weitere Werkstoffe als Beschichtungsmaterial wie z.B. Stähle [47], Mg-Al [48], Chrom [49], Ni-P [50], Kupfer-Legierungen [51] wird ebenfalls berichtet.

2.4 Aufkohlen durch Laserlegieren

Ein interessantes Einsatzgebiet des Laserlegierens stellt das Aufkohlen von Stählen mit geringer Ausgangskohlenstoffkonzentration dar. Als Zusatzwerkstoffe dienen Kohlenstoff (Graphit) oder kohlenstoffhaltige Verbindungen (Karbide, Methangas). Das Aufkohlen kann Härtung, höhere Verschleißbeständigkeit aber leider auch oft Versprödung zur Folge haben. Der Vorteil des Aufkohlens durch Laserlegieren liegt in der kurzen Prozeßzeit und geringen Wärmeeinbringung. Durch Laserbestrahlung wird ein lokales Schmelzbad auf der Oberfläche erzeugt. Infolge der Konvektionsbewegung im Schmelzbad wird der Grundwerkstoff rasch mit dem Kohlenstoff durchmischt, im Gegensatz zum diffusionsgesteuerten Einsatzhärten. Der Nachteil des Verfahrens liegt in der steilen Abnahme der Kohlenstoffkonzentration an der Grenze zum Grundmaterial, was sich aufgrund der erhöhten Eigenspannungen negativ auf die Gebrauchseigenschaften der behandelten Schichten auswirken kann.

Wie bereits erwähnt, wird Graphit für die Erhöhung der Lasereinkopplung beim Umwandlungshärten eingesetzt. Es wird zwar vereinzelt berichtet, daß Graphit während des Härtungsprozesses ins Eisensubstrat eindiffudiert [52], die Menge und Wirkung der dadurch hervorgerufenen Kohlenstoffanreicherung ist jedoch gering (im gleichen Artikel wird über die Verbrennung der Graphitbeschichtung bei einer Temperatur oberhalb 1000°C berichtet). Hingegen kann beim Auftreten flüssiger Phasen Kohlenstoff durch Konvektionsbewegungen (s. Marangoni-Konvektion in Kapitel 2.2) in die Tiefe des Schmelzbads untermischt werden. Walker und Koautoren [53,54] trugen auf Eisen (0,016%C) und Stähle Graphit in Form einer organischen Lösung bzw. einer Suspension auf und schmolzen diese anschließend mit einem 2 kW CO_2-Laser. Argon wurde als Schutzgas verwendet, um die Verbrennung des Graphits zu verhindern. Bei einer sukzessiven Wiederholung dieses Vorgangs konnte ein höherer Aufkohlungsgrad erzielt werden. So wurde z.B. bei viermaliger Wiederholung ein Gefüge mit primär ausgeschiedenem Fe_3C, dendritisch erstarrtem Austenit und Eutektikum auf einer Oberfläche eines reinen Eisenwerkstücks erzeugt. Es traten sowohl grobe Gasporen als auch Risse infolge der Versprödung auf. Die Härte stieg bis 900 HV0,5. Bei 12 maliger Wiederholung sank die Härte allerdings auf 450 HV ab. Jedoch bewirkte ein Abschrecken bei −196°C (in flüssigen Stickstoff) wiederum eine Härtesteigerung auf 600 HV. Metallographisch war die Legierungsstruktur sehr kompliziert. Es wurde eine maximale Kohlenstoffkonzentration von 6% in der legierten Zone nachgewiesen. Je nach Kohlenstoffgehalt und Abkühlbedingungen wurden Strukturen des weißen Gußeisens von unter- bis übereutektischer Zusammensetzung beobachtet. Als Probleme bei den Prozessen wurde Rißbildung und "Gasunruhe" festgestellt. Um diesem Sachverhalt zu begegnen, wurde mit einem zusätzlichen CO_2-Laser (1,5 kW) schräg auf die Legierungszone gestrahlt. Dadurch ließ sich die Lebensdauer der Schmelze erhöhen, womit den in der Schmelze befindlichen Gasen genügend Zeit blieb, um nach außen zu gelangen. Ferner führte diese Vorgehensweise zu einer Senkung der Abkühlgeschwindigkeit, welche wiederum der Rißbildung entgegen wirkte. Über Ergebnisse dieses Versuches wurde nicht berichtet.

Amende [55] versuchte Kohlenstoff (Kohlestaub, Graphit und kohlenstoffreiche Eisenpulver) auf St37-Proben aufzustreuen und mit einem CO_2-Laser in Argonatmosphäre aufzulegieren. Er fand dabei je nach Prozeßbedingungen Gefüge von unter- bis übereutektoider Zusammensetzung. Bei einem ledeburitischen Gefüge betrug die höchste Härte 850 HV. Die Rißprobleme traten bei übereutektoider Zusammensetzung auf.

Masumoto und Koautoren [56] berichteten von einem Versuch, in dem Stahlproben mit Graphitbeschichtung im Vakuum und unter verschiedenen Gasatmosphären umgeschmolzen wurden. Das Umschmelzen im Vakuum oder unter Schutzgasatmosphäre (He, Ar, N_2) hatte eine deutliche Erhöhung der Kohlenstoffkonzentration und der Härte zur Folge, wogegen das Umschmelzen in Luft oder O_2 keine Veränderung im Kohlenstoffgehalt und in der Härte bewirkte. Der Kohlenstoff wurde beim Umschmelzen verbrannt. In diesem Fall konnte ein größeres Schmelzbadvolumen nachgewiesen werden.

Huberty und Nilmen [57] trugen den Graphit mechanisch auf Warm- und Kaltarbeitsstahl (ca. 3 μm) auf und schmolzen diese Schichten mit dem CO_2-Laser um. Die Änderung der Zusammensetzung wurde nicht untersucht. Sie stellten eine kritische Vorschubgeschwindigkeit fest, bei deren Überschreitung Risse in der Erstarrungsphase auftraten. Als kritische Geschwindigkeit wurde 6 mm/s für Stahl ASP 23 und 4.6 mm/s für S6-5-2 ermittelt.

Marsden und Koautoren [58,59] haben neben den Graphitvorbeschichtungen auch versucht Graphit-Pulver direkt ins Schmelzbad einzubringen. Als Grundwerkstoff fand rostfreier Stahl mit 13%Cr und 0,2%C Verwendung. Die Ergebnisse waren ähnlich den obigen. Mit zunehmender Kohlenstoffanreicherung traten folgende Gefügetypen auf: nur Martensit, Martensit plus Austenit und, bei sehr hoher Kohlenstoffkonzentration, nur Austenit. Bei übereutektischer Zusammensetzung ließen sich Risse nicht vermeiden.

Anstelle reinen Kohlenstoffs wurde auch über Karbide (WC, TiC, Cr_3C_2 etc.) als Kohlenstoffträger berichtet [57,60]. Dabei wurden die oben erwähnten Gefügeänderungen von feinen Karbidausscheidungen überlagert. Die Problematik der Rißbildung wurde dabei nicht behandelt.

2.5 Karbide als Zusatzwerkstoffe für Laserbehandlungen

Eine der Hauptzielsetzungen der Laseroberflächenbehandlung ist die Erhöhung der Verschleißfestigkeit. Daher werden Karbide mit extrem hoher Härte oft als Zusatzwerkstoffe eingesetzt. Schon 1969 wurde Pionierarbeit auf diesem Gebiet geleistet. Schmidt [61] schmolz mit einem Rubin-Laser in einem zweistufigen Prozeß eine WC-Schicht in Werkzeugstahl ein. Die Applikation der Laseroberflächenbehandlung erbrachte bei Stahlschneidwerkzeugen eine Verdopplung der Standzeit. Einige Jahre später wiederholte Payne [62] diesen Versuch mit einem Nd:YAG-Laser. Bei der metallographischen Untersuchung der behandelten Schichten fand er eine dichte WC-Schicht von 15 μm mit der Knoop-Härte 1500 HK. Darunter befand sich eine 75 μm dicke Verschmelzungszone mit dem Substrat. Die Knoop-Härte in der Verschmelzungszone betrug 785 HK.

Hierzulande begann man erst Anfang 80er Jahre mit der Laseroberflächenbehandlung. 1981 demonstrierten Bergmann und Mordike [63] das Laserumschmelzen der mit Karbid vorbeschichteten Werkzeugstähle (Kohlenstoffgehalt von 0,4 bis 2,1%). Bei den verwendeten Karbiden handelte es sich um WC und spezielle WC-Pulver, die Cobalt- bzw. Nickellegierungen enthielten. Das WC-Pulver wurde durch Plasmaspritzen auf die Proben aufgetragen. Die Schichten waren 0,1 bis 0,5 mm dick und enthielten ein Porenvolumen von 5–15%. Nach dem Laserumschmelzen erhielt man rißfreie Deckschichten mit einem Porenvolumen von 20%. Diese rißfreien Schichten hatten ein Gefüge aus primären WC-Kristallen, eingebettet in einer dendritisch erstarrten und martensitisch umgewandelten Matrix. Die Härte lag bei WC/Co (83/17) nach den Wärmebehandlungen (1030°C, 3 min, Luftkühlung; 500°C, 2h, Luftkühlung) zwischen 1500 bis 2000 HV, also deutlich über dem Niveau eines normalen Martensits (max. bei 1000 HV). Das Umschmelzen von spritzgeklebtem WC-Pulver (Partikelgröße <4 μm) scheiterte wegen der einsetzenden Verzunderung, die trotz des Vakuums von 10^{-4} Torr auftrat.

Die Rißfreiheit der WC-haltigen Schichten mit extrem hoher Härte wurde von anderen Publikationen nicht bestätigt. Ayers und Koautoren [64] benutzten einen 15 kW CO_2-Laser um TiC auf rostfreien Stahl 304, reines Titan sowie die Titanlegierung TiAl6V4 im Vakuum zu dispergieren. Bei TiAl6V4 fanden sie ein Dispersionsgefüge, bestehend aus homogen verteilten Titankarbiden, die nicht aufgelöst waren, und einer Matrix aus Substratmaterial. Die Matrix wurde von feinen dendrit- und nadelförmigen Ausscheidungen der Titankarbide gefüllt. Die feinen Karbide in der Matrix wurden durch Auflösen der zugeführten Titankarbide in der Metallschmelze und Wiederausscheidung bei der Erstarrung gebildet. Dieser Prozeß führte zu einer unerwünschten Rißbildung. Eine ähnliche Situation ergab sich für den rostfreien Stahl sowie reines Titan. Da sich die Partikel des Titankarbidpulvers beim Dispergieren immer auflösten, war die im Idealfall aus Substratmaterial bestehende Matrix von Kohlenstoff übersättigt. Es entstand dabei ebenfalls ein Dispersionsgefüge mit einer von feinen TiC-Teilchen überlagerten Matrix. Aufgrund der starken Versprödung neigten die behandelten Schichten zur Rißbildung (vgl. hierzu [65,66]).

Amende und Nowak [67] beschrieben qualitativ die metallurgischen Vorgänge beim Laserbeschichten mit WC/Co-Pulver. Nach der starken Auflösung von zugeführten WC-Partikeln wurden WC-Phasen bei der Abkühlung wieder ausgeschieden. Infolge Sättigung durch W und C versprödete die Kobalt-Matrix. Die Rißanfälligkeit erhöhte sich dadurch.

Cooper [68] hat das Laserdisperegieren mit WC und TiC verglichen. Er benutzte einen 10 kW CO_2-Laser und einen mit 110 Hz oszillierenden Laserstrahl. Dabei wurde eine Bestrahlungsbreite von 8 mm erreicht. Mit einer geeigneten Kombination der Prozeßparameter gelang es ihm, sowohl mit WC als auch mit TiC Dispersionsschichten von 1-2 mm Dicke mit homogener Verteilung der Karbidteilchen herzustellen. Die metallographischen Untersuchungen belegten in beiden Fällen eine Karbidauflösung. Den höheren Auflösungsgrad von WC begründete er mit der höheren Temperaturleitfähigkeit und einer niedrigeren Bildungsenergie des Wolframkarbids. In den Verschleißuntersuchungen zeigte sich eine deutliche Abnahme der Reibungskoeffizienten der dispergierten Oberflächenschichten. Der Reibungskoeffizient war dabei abhängig von der Art und Größe der Karbidteilchen. Bei feinkörnigem WC-Pulver wurde die größte Abnahme der Reibungskoeffizienten erzielt. Als Ursache wurde die ausgeprägte Matrixverfestigung infolge der WC-Auflösung angenommen. Die Rißproblematik wurde zwar in diesem Artikel nicht explizit erwähnt, jedoch in späteren Publikationen intensiv aufgearbeitet.

In einer weiteren Arbeit, zusammen mit Ayers, wurden Einflußfaktoren auf die Rißbildung beim Laserdispergieren untersucht [69]. Dabei wurden WC (<45, 45-75, 75-150 µm) und TiC

(45-75 μm) einstufig mit dem Laser in Inconel 625 dispergiert. Eine Farbstoffbehandlung der Proben machte Risse unter UV-Licht sichtbar. Dabei zeigte sich, daß bei schmalen Spuren auf der ganzen Länge periodisch Querrisse auftraten, während bei breiteren Spuren Risse in der Bearbeitungsrichtung entlang der Spurmitte auftraten. Die Rißdichte nahm mit der Spurbreite ab. Diese Abnahme wurde mit sinkenden Eigenspannungen begründet, da bei breiteren Spuren eine langsamere Vorschubgeschwindigkeit notwendig und dadurch die Abkühlrate geringer war. Ferner wurde Rißbildung in Abhängigkeit von Karbidarten und Partikelgröße aufgezeigt. Bei TiC (45-75 μm) und feinem WC (<45 μm) nahm die Rißdichte zuerst mit der Pulverförderrate zu und nach einem Maximum wieder ab. Beim mittleren und groben WC (45-75, 75-150 μm) wurde eine stetig fallende Rißdichte über der Pulverförderrate beobachtet.

Zur Eliminierung der Rißbildung haben Cooper und Slebodnick in der nächsten Studie [70] die Proben vor dem Laserdispergieren elektrisch vorgeheizt. Bei konstanten Spurbreiten konnte eine abnehmende Tendenz der Rißdichte mit der Vorheiztemperatur festgestellt werden. Während in den 1 cm breiten Spuren bereits bei 300°C keine Risse auftraten, war eine Vorheiztemperatur von 450°C notwendig, um alle Risse in den 2 cm breiten Spuren vollständig zu eliminieren. Die Wirkung des Vorheizens bestand darin, die Abkühlgeschwindigkeit und damit die thermischen Spannungen bei der Laserbehandlung zu senken. Das Gefüge wurde durch das Vorheizen nicht beeinflußt.

Flinkfeld [71] versuchte WC und TiC mit der Korngröße von 45-90 μm in Aluminium (Al 6351) und Stahl (AISI 52100) zu dispergieren. Ihm war es gelungen, gleichmäßige Karbidverteilungen in einer Dispersionsspur auf Aluminium herzustellen. Seinen Verschleißuntersuchungen nach gab es bei einem Karbidanteil von mehr als 30% keine weitere Erhöhung der abrasiven Verschleißfestigkeit.

Eine andere Möglichkeit zur Erzeugung einer Oberflächenschicht mit Dispersionsgefüge ist das Beschichten mit Pulvermischungen, die eine metallische Phase und auch Hartstoffe enthalten. Der Vorteil liegt darin, daß hierbei eine Auswahl der Metallmatrix für die Bildung des Dispersionsgefüges möglich ist. Man kann den hinsichtlich der chemischen Verträglichkeit und der mechanischen Eigenschaften optimalen Werkstoff aussuchen, wohingegen beim direkten Dispergieren nur das Substratmaterial verwendet werden kann. Über solche Beschichtungsversuche mit vorbeschichteten Pulvermischungen aus WC und NiCrBSi wurde von verschiedenen Autoren berichtet [40,41,63]. Dabei wurde teilweise die Problematik der Auflösung der Karbide und die Rißbildung angesprochen. Detaillierte Untersuchungen werden nachfolgend beschrieben.

Abbas und West [72] führten einen interessanten Beschichtungsversuch mit den Pulvermischungen aus SiC und Stellit6 (Kobalt-Basishartlegierung) durch. Das Substratmaterial war Stahl En3b mit ca. 0,25% C. Es wurde eine hohe Aufmischung des Substratmaterials in der Oberflächenschicht festgestellt, je nach Prozeßparametern von 20-50% gegenüber 7% beim Beschichten allein mit Stellit6. Ferner wurde über eine hohe Auflösung der SiC-Pulverpartikel und damit eine Verfestigung und Versprödung des Matrixmaterials berichtet. Die SiC-Teilchen waren in der Schmelzzone nicht gleichmäßig verteilt. Im oberen Bereich der behandelten Oberflächenschicht waren viele SiC-Teilchen erhalten geblieben, im unteren Bereich zum Substrat hin jedoch kaum. Feine Gasporen, die durch Schrumpfen der Matrix beim Abkühlen hervorgerufen wurden, umgaben die SiC-Teilchen. Der Verschleißwiderstand dieser Verbundschichten, die 10% SiC enthielten, war doppelt so hoch wie der einer Stellit6-Schicht. Die Rißbildung war bei diesen Untersuchungen nicht zu vermeiden.

Lugscheider und Wilden [42] stellten eine ähnliche Arbeit vor. Sie führten TiC- und WC-Pulver zusammen mit MCrAlY-Pulver gleichzeitig ins lasererzeugte Schmelzbad zu. Es wurde ein Volumenverhältnis von MCrAlY zu TiC von 2:1 gewählt. Eine riß- und nahezu porenfreie Schicht wurde hergestellt, in der jedoch keine TiC-Teilchen mehr nachgewiesen wurden. Bei einem Volumenverhältnis von 1:2 waren zwar 18% ungeschmolzene TiC-Teilchen (26 μm) erhalten, es traten jedoch senkrecht zur Oberfläche verlaufende Risse auf. Die Verteilung der TiC-Teilchen war nicht gleichmäßig. Vielmehr waren die Teilchen in der Mitte und im oberen Bereich des Schmelzbads versammelt. Im Falle MCrAlY mit WSC Kombination waren größere und mehr WC-Teilchen (ca. 45 μm) erhalten als bei TiC, die Anzahl der Risse nahm in gleichem Maße zu.

Yang und Koautoren [73] versuchten es mit einer genauen Temperaturkontrolle. Nach dem Vorbeschichten von WC/Co (85/15) steuerten sie die Laserparameter so, daß sie die Temperatur in der bestrahlten Zone unter 1400°C hielten und damit die Auflösung der WC-Teilchen wesentlich verhinderten. Dieses Verfahren beruht auf dem partiellen Umschmelzen des Bindemetalls Kobalt, welches die WC-Teilchen gut benetzt und die Hohlräume ausfüllt. Eine so behandelte Oberflächenschicht konnte mit der Dicke von 2 mm hergestellt werden.

Ein sehr interessantes Verfahren zur Herstellung einer dünnen Dispersionsschicht mit TiC bzw. TiN wurde von Schüßler und Zum Gahr [74] entwickelt. Dabei wurde feinkörniges TiC-Pulver (durchschnittlich 2,7 μm) und TiN-Pulver (durchschnittlich 2,3 μm) in Form einer Suspension auf Stahlproben (90MnV8) aufgebracht. Diese 30 bis 70 μm dicken Schichten wurden dann mit einem CO_2-Laser bestrahlt. Die Laserleistung wurde so niedrig wie möglich gewählt, jedoch noch ausreichend, um das unter der Schicht liegende Substrat aufzuschmelzen. Aufgrund des kleinen Temperaturgradienten und der festen Pulverschicht an der Oberfläche des Schmelzbads konnte die Konvektionsbewegung in der Schmelzzone unterdrückt werden. TiC-Teilchen blieben wegen ihrer viel höheren Zersetzungstemperatur erhalten. Durch die Kapillaren zwischen den TiC-Teilchen gelang die Schmelze nach oben in die Karbidschicht. Dadurch entstand eine rißfreie Dispersionsschicht aus erhaltengebliebenen TiC-Teilchen und metallischer Matrix aus dem Substratmaterial. Die Rauhigkeit der Oberflächenschicht lag unter 10 µm. Der Karbidanteil in der Schicht betrug 40 und 60%. Die tribologischen Untersuchungen zeigten, daß die Laserbehandlung zu einer deutlichen Reduzierung der Reibungszahl und Verschleißintensität im Vergleich zu den rein martensitisch gehärteten Oberflächen [75] führte.

2.6 Eigenspannungen in laserbehandelten Schichten

Die Laseroberflächenbehandlung ist ein thermisch induzierter Vorgang, bei dem in den behandelten Schichten Eigenspannungen durch unterschiedliche lokale Ausdehnungen auftreten können. Aus der Bruchmechanik ist bekannt, daß Oberflächenschichten mit Zugeigenspannungen bei Beanspruchungen schneller reißen bzw. aufbrechen als vergleichsweise eine Schicht unter Druckeigenspannungen. Es wird daher in den Oberflächenbehandlungen gezielt auf die Erzeugung von Druckeigenspannungen und die Vermeidung bzw. Verminderung der Zugeigenspannungen geachtet. Die Eigenspannungen in den laserbearbeiteten Schichten werden mit Röntgenstrahlmessungen bestimmt.

Hernandez und Koautoren [76] berichteten über einen Laserbeschichtungsversuch mit Nickelbasislegierungen. Bei den Oberflächenschichten, die riß- und porenfrei waren und eine homogene Gefügestruktur aufwiesen, wurden Zugeigenspannungen gemessen. Im Substrat unter der behandelten Oberflächenschicht hingegen waren Druckeigenspannungen vorhanden. In einer weiteren Arbeit [77] wurden bei einer Kobaltbasislegierung wiederum Zugeigenspannungen gemessen, die im Vergleich zu den oben genannten Nickelbasislegierungen höhere Beträge aufwiesen. Ferner wurden in umwandlungsgehärteten Oberflächenschichten nur Druckeigenspannungen festgestellt.

Roth und Koautoren [78] stellten ebenfalls Eigenspannungen in mit Stellit6 beschichteten Oberflächenschichten fest. Sie fanden Zugeigenspannungen nach der Laserbehandlung, die sich erst nach einem Anlassen bei 650°C/0,5 h abbauen ließen [79]. In den durch Laserumwandlungshärten erzeugten Oberflächenschichten wurden Druckeigenspannungen beobachtet. Beim Laserumschmelzen hingen die Eigenspannungen von der Vorschubgeschwindigkeit ab.

Während bei kürzerer Wechselwirkungszeit Zugeigenspannungen hervorgerufen wurden, traten bei längerer Wechselwirkungszeit Druckeigenspannungen in den umgeschmolzenen Oberflächenschichten auf.

Lamb und Koautoren [80] verglichen Eigenspannungen in einem martensitischen und einem austenitischen Edelstahl nach dem Laserumschmelzen. Im Fall des martensitischen Stahls wurden Druckeigenspannungen in Einzelspuren beobachtet, welche nach der Überlappung in Zugeigenspannungen übergingen. Sie stellten ferner fest, daß ein großer Strahldurchmesser und eine kleine Vorschubgeschwindigkeit den Abbau der Eigenspannungen begünstigten. Bei austenitischem Stahl wurden jedoch unabhängig von den Prozeßbedingungen immer Zugeigenspannungen beobachtet. Um diese Eigenspannungen abzubauen war eine Wärmebehandlung bei 850°C von der Dauer eines Tages notwendig.

Marsden und Koautoren [81] versuchten, eine Schicht aus austenitischem Stahl zwischen martensitischem Stahlsubstrat und einer Stellit6 Beschichtung einzulegen. Das Ziel der Reduzierung der Eigenspannung und damit Vermeidung der Rißbildung wurde nicht erreicht.

2.7 Industrielle Anwendungen der Laseroberflächenbehandlung

Im Gegensatz zu anderen etablierten Lasermaterialbearbeitungsverfahren (z.B. Beschriften und Schneiden) haben die Verfahren der Laseroberflächenbehandlung noch keine breite Anwendungen in der Industrie gefunden. Jedoch wurde über Anwendungsmöglichkeiten in der Luft- und Raumfahrtindustrie sowie in der Medizintechnik (vor allen in den USA) berichtet [82,83].

Als Beispiel einer industriellen Anwendung sei an dieser Stelle das Beschichten von Ventilsitzflächen der Motorzylinder bei Toyota genannt [84], welches seit mehreren Jahren in der Produktionslinie eingesetzt wird. Es wird dabei eine Kupferbasislegierung auf die Aluminium-Sitzfläche des Zylinderkopfs mit Hilfe eines oszillierenden CO_2-Laserstrahls aufgetragen. Die Kupferlegierung wird in Form von Pulver gleichzeitig in die Beschichtungszone zugeführt. Die Aufmischung des Aluminum-Substrats stellt bei dem Prozeß eine Hauptschwierigkeit dar. Der Aufmischungsgrad kann durch präzise kontrollierte Prozeßbedingungen unter 5% gehalten werden. Mit der Vermeidung der Aluminiumaufmischung wird auch die Problematik der Riß- und Porenbildung gelöst.

3 Motivation und Aufgabenstellung

Aus Kapitel 2 geht hervor, daß ein Hochleistungslaser ein vielversprechendes thermisches Werkzeug auf dem Gebiet der Oberflächenbehandlung darstellt. Als Gründe dafür, daß es bislang noch sehr wenig industrielle Anwendungen gibt, sind hohe Investitions- und Betriebskosten der Laseranlagen zu nennen. Außerdem sind noch viele verfahrenstechnische Probleme, z.B. die Riß– und Porenbildung, ungelöst.

In dieser Arbeit sollen grundlegende Aspekte der Oberflächenbehandlung mit Hochleistungs-CO_2-Lasern im Vordergrund stehen. Die Steigerung der Bearbeitungsqualität, die Erhöhung der Prozeßeffizienz und somit die Senkung der Betriebskosten ist die generelle Zielsetzung der Arbeit. Die Arbeit konzentriert sich auf folgende Themen:

- Einkopplungsverhalten beim Laserumschmelzen zur Klärung der Abhängigkeit des Einkopplungsgrads von den Prozeßparametern;
- Verschiedene Möglichkeiten zur Erhöhung des Einkopplungsgrades;
- Optimierung des Pulverfördersystems und damit Ersparnis teueren Pulvermaterials;
- Prozeßoptimierung durch geeignete Wahl der Betriebsparameter zur Erzielung der höchst möglichen Beschichtungsrate;
- Verfahrensentwicklung für die Verwendung von Zusatzwerkstoffen auf Karbidbasis (WC) zur Vermeidung von Rissen und Poren.

Beispielhaft wird in dieser Arbeit der Beschichtungsvorgang mit der Kobaltbasis-Hartlegierung Stellit21, die bisher im Zusammenhang mit dem Laserbeschichten wenig untersucht wurde, durchgeführt. Die ermittelten Abhängigkeiten der Beschichtungsergebnisse von den Prozeßparametern werden ebenfalls anhand anderer Stoffsysteme aufgezeigt und überprüft.

4 Einkopplung der Laserenergie und Prozeßeffizienz

Die Umwandlung von Lichtenergie in Wärme ist für die Oberflächenbehandlung mit Lasern von entscheidender Bedeutung. Daher ist es an dieser Stelle notwendig, zunächst auf das Einkopplungsverhalten einzugehen. In den nachfolgenden Ausführungen wird zuerst der Umschmelzprozeß phänomenologisch beschrieben und eine Energiebilanz erstellt. Dann wird das kalorimetrische Meßverfahren zur Bestimmung des Einkopplungsgrads dargestellt, mit dem das Einkopplungsverhalten beim Umschmelzen mit CO_2- und Nd:YAG-Lasern untersucht wird. Zur Verifizierung der experimentell erhaltenen Versuchsergebnisse wird anschließend eine numerische Simulation mit Hilfe der Finite-Elemente-Methode durchgeführt. Desweiteren werden verschiedene Möglichkeiten zur Erhöhung des Einkopplungsgrads aufgezeigt.

4.1 Laserumschmelzprozeß

4.1.1 Einkopplungsgrad als Mittelwert der lokalen Absorptionsgrade

Für CO_2-Laser liegt die Strahlintensität zum Umschmelzen im Bereich von 10^4 bis 10^6 W/cm^2 (2.1.2). Bei einem CO_2-Laser mit einer maximalen Ausgangsleistung von 5 kW ist der Strahldurchmesser im Vergleich zur Dimension des Werkstücks klein. Daher erzeugt der Laserstrahl beim Umschmelzen nur ein lokales Schmelzbad, welches übers Werkstück geführt wird. Zur Herstellung einer flächendeckenden Umschmelzschicht auf einer Werkstückoberfläche werden in der Regel die einzelnen Schmelzbahnen überlappt.

In Bild 6 wird eine vom Laserstrahl erzeugte Temperaturverteilung auf der Vorschubachse dargestellt. Die Temperaturkurve hat einen raschen Anstieg auf der Seite der Schmelzfront. Dort ist das Werkstück kalt und wird vom Strahl aufgeheizt. Nach dem Erreichen eines Maximums, welches in der Regel nicht mit der Strahlmitte zusammenfällt, sinkt die Temperatur auf der Rückseite langsamer ab.

In Bild 6 sind zwei Temperaturwerte von besonderem Interesse, nämlich die Schmelz- und die Oxidationstemperatur. Die Isotherme der Schmelztemperatur (T_s) kennzeichnet das Gebiet des Schmelzbads, welches dem Laserstrahl nacheilt. Dadurch entsteht ein Versatz zwischen Strahl und Schmelzbad. Auf der Rückseite des Schmelzbads ist der Temperaturgradient niedriger, das Schmelzbad verengt sich und ist langgezogen. Die Fläche des Schmelzbads unter dem Laserspot ändert aufgrund der Verschiebung der Temperaturverteilung ihre Lage und Größe bei variierenden Prozeßparametern.

Beim Umschmelzen an Luft tritt eine Oxidation auf [56]. Diese ist temperatur- und werkstoffabhängig. Beispielsweise setzt nach Kim und Koautoren [13] die Oxidation beim Kohlenstoffstahl SM45C und einer Bestrahlungsdauer von 30 s ab 300°C ein. Im Falle des rostfreien Stahls SS304 beträgt die Oxidationstemperatur 700°C. Aufgrund des höheren Ab-

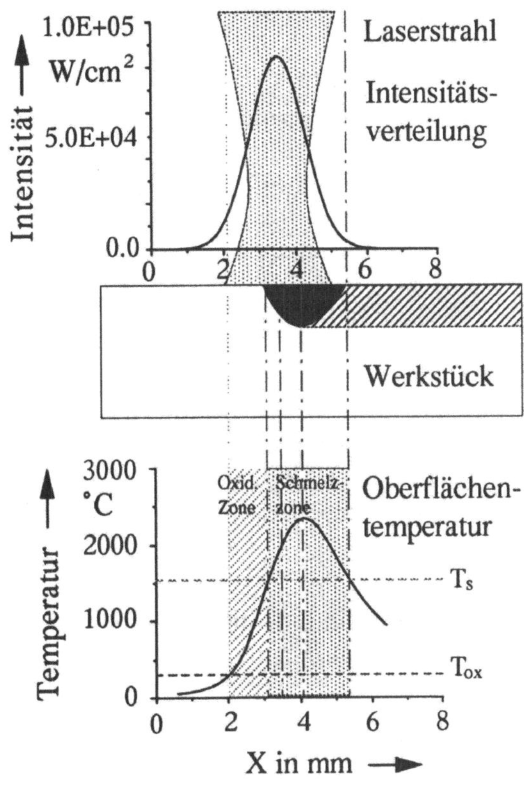

Bild 6 Schematische Darstellung des Umschmelzens mit Lasern.

sorptionsgrades des Laserstrahls in einer Oxidschicht ist beim Umschmelzen an Luft eine höhere Einkopplung im Oxidationsbereich für den Temperaturbereich T_{ox} bis T_s zu erwarten.

Aus der obigen Darstellung geht hervor, daß aufgrund der Temperaturerhöhung und der örtlichen Oxidation der Absorptionsgrad unter dem Strahl nicht überall gleich ist. Selbst beim Umschmelzen unter Schutzgasatmosphäre ist der Absorptionsgrad wegen seiner Temperaturabhängigkeit [1] nicht homogen. Daher ist der Einkopplungsgrad bei einem realen Laserumschmelzprozeß ein Mittelwert der lokalen Absorptionsgrade im Strahlbereich gemäß

$$A_e = \frac{\int A(T) \cdot I(x,y) \cdot dF}{\int I(x,y) \cdot dF} \quad , \tag{14}$$

wobei I(x,y) die lokale Intensität darstellt.

4.1.2 Energiebilanz und spezifisches Volumen

Eine Energiebilanz beim Laserumschmelzen wird in Bild 7 aufgestellt. Dabei ist P die auf die Werkstückoberfläche auftreffende Laserleistung. A_e ist der Einkopplungsgrad. Die ins Werkstück eingekoppelte Laserleistung (A_e P) steht jedoch für das Umschmelzen nicht ganz zur Verfügung, da infolge der guten Wärmeleitfähigkeit des metallischen Substrats und des

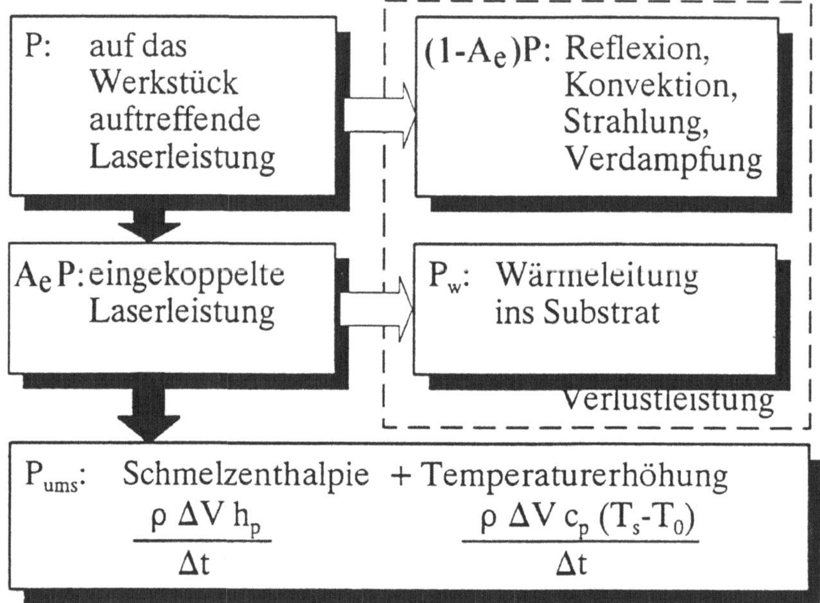

Bild 7   Energiebilanz beim Laserumschmelzen, A_e ist der Einkopplungsgrad.

großen Temperaturgradienten zwischen Schmelzbad und Substrat ein Teil der Leistung P_w durch Wärmeleitung ins Substrat verloren geht. Der Anteil ($P_{ums}=A_e \cdot P-P_w$) entspricht der Leistung zur Schmelzbaderzeugung, die sich wiederum in einen Teil der Schmelzenthalpie und einen Teil der Temperaturerhöhung der Schmelzmasse teilt. Mit der Annahme, daß die Temperatur im Schmelzbad überall gleich ist, läßt sich die folgende Energiebilanz aufstellen:

$$A_e \, P \, \Delta t = \varrho \, \Delta V \, (\, h_p + c_p \, \Delta T \,) + P_w \, \Delta t \ . \tag{15}$$

Durch Umformen ergibt sich ein spezifisches Volumen

$$V_e = \frac{\Delta V}{P \, \Delta t} = \frac{F \, v}{P} = \frac{A_e \left(1 - \dfrac{P_w}{A_e \, P} \right)}{\varrho \, (\, h_p + c_p \, \Delta T \,)} \ . \tag{16}$$

Die physikalische Bedeutung des spezifischen Volumens ist das je Energieeinheit umgeschmolzene Volumen. Während der Einkopplungsgrad den Verlustteil P_w enthält, stellt das spezifische Volumen eine Angabe der Umschmelzeffizienz dar.

4.2 Meßverfahren

4.2.1 Kalorimetrische Meßverfahren des Absorptions- und Einkopplungsgrades

Prinzipiell läßt sich der Absorptionsgrad durch Bestimmung der vom Werkstück aufgenommenen Wärmemenge (kalorimeterisch [1,85,86,87]) oder der reflektierten Strahlungsenergie (Reflexionsmessungen [88]) ermitteln. Die Mehrzahl der veröffentlichten Messungen beruhen auf dem Prinzip des Kalorimeters. Nachfolgend werden einige kalorimeterische Meßaufbauten gezeigt.

Zwei Voraussetzungen müssen bei einer kalorimetrischen Messung des Absorptionsgrads erfüllt werden: Erstens muß die Laserleistung auf der Probe bekannt sein, und zweitens ist die Probe während der Messung thermisch zu isolieren. Eine Temperatur-Zeit-Kurve der Probe, welche typischerweise eine schnelle Aufheiz- und eine langsame Abkühlphase hat, wird mit Hilfe der Temperatur-Meßsensoren aufgenommen. Es sind zwei Auswertungsverfahren möglich [85]:

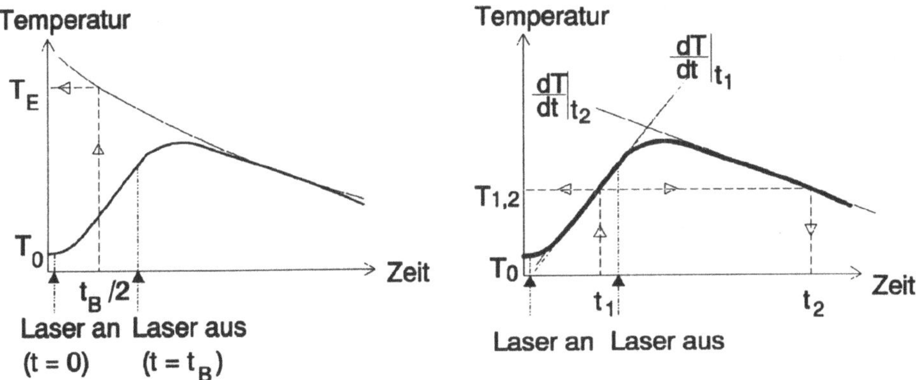

Bild 8 Temperatur-Zeit-Kurven bei kalorimetrischen Absorptionsmessungen: ballistisches und differentiales Auswertungsverfahren [85].

a) <u>Ballistisches Verfahen</u>
Die Auswertung erfolgt durch Bestimmung der Temperaturerhöhung (Bild 8 links). Die dick ausgezogene Kurve symbolisiert den gemessenen Temperaturverlauf, während die dünne die extrapolierte Kurve der Abkühlphase darstellt, T_E ist die Temperatur auf dieser Kurve bei der

halben Einschaltzeit. Nach [86] entspricht T_E der maximal erreichbaren Temperatur der Probe, wenn Wärmeverluste durch Konvektion oder Wärmestrahlung vernachlässigbar sind. Die Temperaturerhöhung beträgt $\Delta T = T_E - T_0$, wobei T_0 die Ausgangstemperatur der Probe ist. Mit der Bestrahlungszeit Δt wird der Absorptionsgrad gemäß

$$A = \frac{\sum (m \cdot c_p)_i}{P \cdot \Delta t} \cdot \Delta T \tag{17}$$

ermittelt. Der Index i steht für den Fall, daß mehrere Werkstoffe in die Energiebilanz einbezogen werden müssen (z.B. Probenhalter).

b) <u>Differentiales Verfahren</u>

Bei längerer Bestrahlungszeit (nach [85] länger als 30 s) kann die Auswertung durch die Differenz des Temperatur-Zeit-Gradienten in der Aufheiz- und Abkühlphase (Bild 8 rechts) erfolgen. Hierbei wird angenommen, daß die während der Bestrahlung hinzukommende Energie sich so verteilt, daß in der gesamten Probe eine einheitliche Temperatur herrscht. Die Temperatur steigt linear mit der Zeit an. Der Absorptionsgrad berechnet sich somit aus der Gleichung:

$$A = \frac{\sum (m \cdot c_p)_i}{P} \cdot \left[\left(\frac{\Delta T}{\Delta t} \right)_1 - \left(\frac{\Delta T}{\Delta t} \right)_2 \right] \cdot \tag{18}$$

Eine aufwendigere Meßmethode wurde von Saito und Koautoren [87] vorgestellt. Die Besonderheit hierbei ist eine elektrische Heizung auf der Rückseite der Probe (Bild 9), mit welcher vor der Laserbestrahlung eine Kalibrierung vorgenommen wird. Bei einem Vergleich der Kalibriermessung mit der Laserbestrahlung fällt der Term $\Sigma(m*c_p)_i$ weg, so daß eine genaue Kenntnis der Wärmeleitkapazität der Probe und des Halters nicht erforderlich ist. Um dem Wärmeverlust durch Konvektion entgegen zu wirken, werden die Proben in eine Vakuumkammer gestellt. Durch Einbauen eines Molybdän-Ofens in die Vakuumkammer läßt sich eine Meßtemperatur bis 1650°C realisieren [1].

Gemeinsamkeit der oben gezeigten Verfahren ist, daß für die Messungen Laser kleiner Leistung eingesetzt werden und der Laserstrahl während der Messung auf einen Punkt fixiert ist. Diese Bedingungen sind weit von der realen Prozeßsituation entfernt. Aus 4.1.1 geht hervor, daß man beim Laserumschmelzen nicht von einer homogenen Oberflächentemperatur ausgehen darf. Die Ergebnisse der o.g. Absorptionsmeßverfahren können nur einen Anhaltspunkt für den realen Einkopplungsgrad liefern. Beim Umschmelzen mit Hochleistungslasern werden Werkstücke in der Regel relativ zum Laserstrahl bewegt. Je nach Prozeßparameter

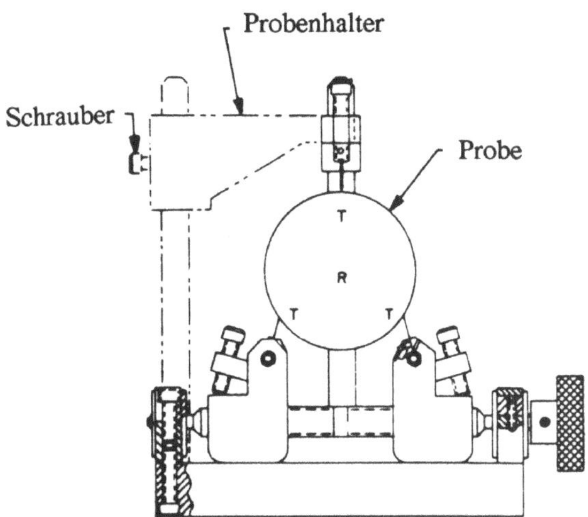

Bild 9   Schematischer Meßaufbau zur Bestimmung des Absorptionsgrads. Die Buchstaben T kennzeichnen die Thermoelemente und R die elektrische Heizung [87].

(Laserleistung, Strahldurchmesser, Geschwindigkeit und Gasatmosphäre) ändert sich die Größe des Schmelzbads, die dem Bestrahlungsbereich nicht gleich zu setzen ist. Um prozeßnahe Aussagen über das Einkopplungsverhalten zu erhalten, wird deshalb in dieser Arbeit der Einkopplungsgrad während des Umschmelzprozesses kalorimetrisch bestimmt.

4.2.2 Meßaufbau und Auswertungsverfahren

Der in dieser Arbeit verwendete konstruktive Aufbau zu kalorimetrischen Messungen des Einkopplungsgrads wird in Bild 10 schematisch dargestellt. Er besteht aus einem Probenhalter aus Aluminium, zwei Temperatursensoren (Pt-100) und einem PC, der mit einer Analog-Digital-Wandlerkarte ausgerüstet ist und zur Meßdatenerfassung dient. Um Wärmeverluste, hervorgerufen durch Konvektion der Umgebungsatmosphäre und durch direkte Ableitung an die Kammerwand, so gering wie möglich zu halten, wird der Probenhalter in einer Kammer mit vier wärmeisolierenden Nadeln aufgehängt. Zwei Temperatursensoren sind im Probenhalter eingebettet, der eine an dessen Unterseite, der andere dichte unter der Probe. Zwischen der Probe und dem Probenhalter wird eine Schicht Wärmeleitpaste aufgebracht, um einen guten Wärmeübergang zu gewährleisten. Um den Aufbau auch für Messungen bei Schrägeinfall einsetzen zu können, wird die Probenkammer auf einen kippbaren Tisch gestellt.

Das Meßverfahren besteht darin, mit jedem der beiden im Probenhalter eingebetteten Temperatursensoren eine Temperatur-Zeit-Kurve aufzunehmen. Aus den beiden erhaltenen

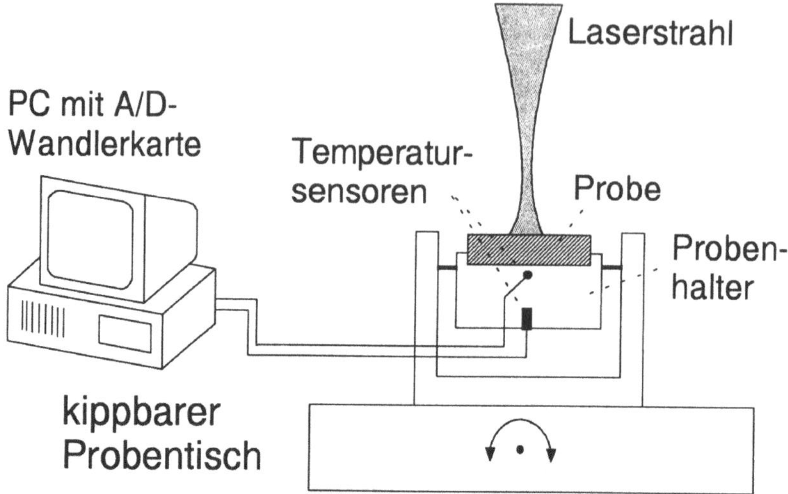

Bild 10   Schematische Darstellung des Aufbaus zur kalorimetrischen Messung der Einkopplung bei der Laseroberflächenbehandlung.

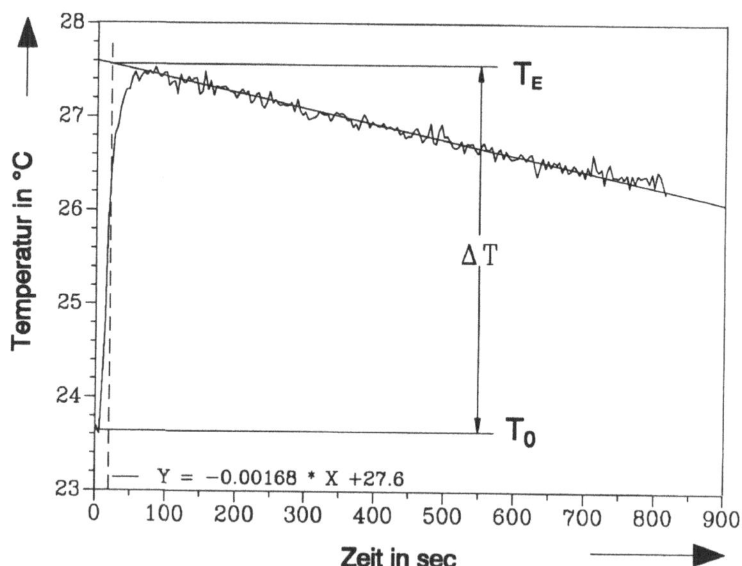

Bild 11   Beim Umschmelzprozeß aufgenommene Temperatur-Zeit-Kurve zur Bestimmung des Einkopplungsgrads der Strahlenergie.

Kurven läßt sich mit Formel (17) jeweils ein Einkopplungsgrad ermitteln. Es stellt sich heraus, daß der Unterschied zwischen den beiden Werten in der Regel unter 1% bleibt. Bild 11 zeigt exemplarisch eine typische Temperatur-Zeit-Kurve. Die durch Rückextrapolation ermittelte maximal erreichbare Temperatur T_E und die Ausgangstemperatur T_0 sind in Bild 11 gekennzeichnet.

Parallel zum Einkopplungsgrad werden die Querschnittsflächen der Schmelzspuren ermittelt, indem von jeder umgeschmolzenen Spur ein Querschliff angefertigt und eine Aufnahme davon gemacht wird. Zur genauen Bestimmung der Querschnittsfläche werden an ihren Umfang eine bestimmte Anzahl von Punkten gesetzt, die miteinander verbunden ein Polygon bilden. Mit Hilfe eines PC-Programms kann nun die vom Polygon eingeschlossene Fläche einfach und schnell berechnet werden. Bei konstant gehaltener Vorschubgeschwindigkeit ist die Querschnittsfläche der Spuren proportional zum umgeschmolzenen Volumen. Das spezifische Volumen wird gemäß Formel (16) ermittelt.

Für die Messungen wurden ein 5 kW CO_2- und ein 1,2 kW Nd:YAG-Laser eingesetzt. Der CO_2-Laser hatte einen TEM_{01*} Mode. Für die Fokussierung wurden Paraboloid-Kupferspiegel mit einer Brennweite von 300 mm verwendet. Die Strahlung des eingesetzten Nd:YAG-Lasers wurde mit Hilfe einer Lichtleitfaser (1 mm Durchmesser) zum Werkstück geführt und mit einer Linse (f=100 mm) fokussiert. Aufgrund der Vielfachreflexionen innerhalb der Lichtleitfaser wies der Laserstrahl auf dem Werkstück keine Vorzugsrichtung der Polarisation auf.

4.2.3 Durchführung der Messungen

Als Probenmaterial dient der Einsatzstahl 16MnCrS5. Seine chemische Zusammensetzung nach DIN-Norm [89] ist der Tabelle 7 zu entnehmen. Die Oberflächen der Proben wurden geschliffen.

Tabelle 7 Die chemische Zusammensetzung des Einsatzstahls 16MnCrS5 (Werkstoff-Nr.: 1.7139) nach DIN-Norm. Die Angaben sind in Gew.-%.

C	Si	Mn	P	S	Cr	Fe
0.14-0.19	0.15-0.40	1.00-1.30	≤0.035	≤0.02/0.035	0.80-1.10	Rest

Es wurde zunächst die Parameterabhängigkeit der Einkopplung beim Laserumschmelzen untersucht. Dazu wurden die Prozeßparameter (Leistung, Strahldurchmesser und Geschwindigkeit) variiert. Durch Vergleich der Messungen mit und ohne Argonschutzgas wurde der Einfluß der Oxidation untersucht.

Ferner wurde die Einkopplung beim Schrägeinfall des linear polarisierten CO_2-Laserstrahls untersucht. Dazu wurden die Proben gegen den Laserstrahl gekippt (Bild 10). Die Polarisa-

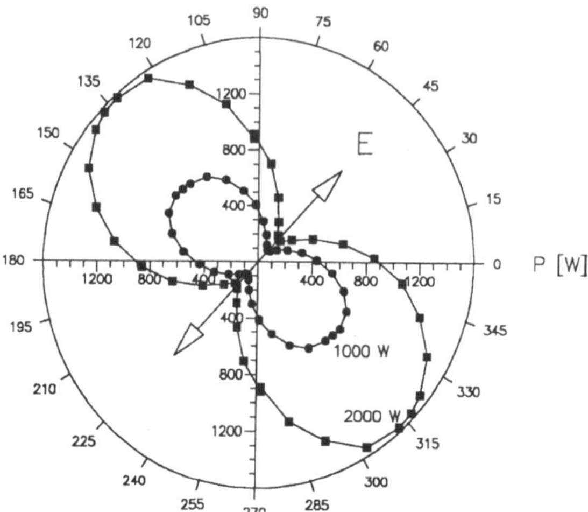

Bild 12   Bestimmung der Polarisationsrichtung eincs CO_2 Lasers (P = 1000 und 2000 W).

tionsrichtung des Laserstrahls läßt sich mit einem Polarisationsmeßgerät [11] bestimmen. Der Laserstrahl trifft unter einem Winkel auf eine Reihe parallel angeordneter Kupferspiegel, welche nach Fresnelschem Gesetz (Kap. 2.1) die parallel polarisierten Strahlkomponenten stärker absorbieren. Die reflektierte, vorzugsweise senkrecht polarisierte Strahlung wird in einem Leistungsdiagramm erfaßt. Bild 12 zeigt beispielhaft eine Messung bei zwei festen Leistungswerten des CO_2-Lasers. Ist die Laserleistung im Diagramm minimal, so ist dies ein Indiez für eine parallele Polarisationsrichtung (in Bild 12 durch die Pfeile gekennzeichnet).

Es wurde auch die Einkopplung beim Umschmelzen der mit Graphit vorbeschichteten Proben untersucht. Dabei wurden vor den Messungen die geschliffenen Proben mit kolloidalem Graphit aus der Spraydose vorbeschichtet. Bei einmaligem Auftrag betrug das Flächengewicht des Graphits im Durchschnitt 12 mg/cm^2. Bei nochmaligem Auftrag stieg es auf das Doppelte. Das Umschmelzen fand unter einer Argon-Schutzgasatmosphäre statt, um die Verbrennung der Graphitschichten zu verhindern.

Abschließend wurden Messungen beim Laserbeschichten und Legieren mit gleichzeitiger Pulverzufuhr durchgeführt. Im Falle des Beschichtens wurde Stellit6 Pulver mit der Korngröße von 45 bis 90 µm verwendet. Das Legieren wurde am Beispiel des TiC-Pulvers durchgeführt. Auf den Prozeßablauf wird in 6.2 näher eingegangen.

4.3 Einkopplungsverhalten beim Laserumschmelzen

4.3.1 Einfluß der Laserleistung

Bild 13 zeigt Einkopplungsgrad und spezifisches Volumen beim Umschmelzen mit dem CO_2-Laser. Zum Vergleich wurden die Messungen in Luft und unter einer Argonschutzgasatmosphäre durchgeführt. Sowohl der Einkopplunsgrad als auch das spezifische Volumen zeigen eindeutig höhere Werte in Luft als in Argon. Dieses Ergebnis stimmt mit anderen Veröffentlichungen überein [13,56].

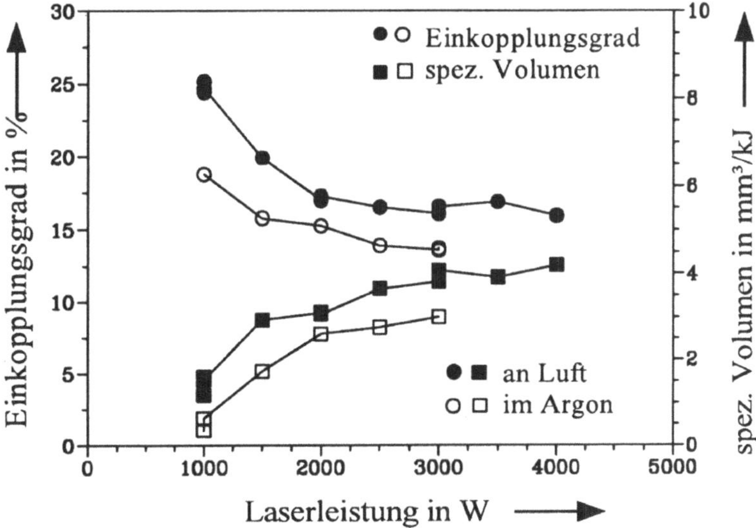

Bild 13   Der Einfluß der Laserleistung auf das Einkopplungsverhalten beim Umschmelzen mit dem CO_2-Laser, d_L=1,2 mm, v=0,6 m/min.

In 4.1 wurde bereits erwänht, daß sich um das Schmelzbad eine Zone befindet, deren Temperatur zwischen der Oxidations- und Schmelztemperatur des Substratwerkstoffs liegt. Ohne die Wirkung des Argonschutzgases wird diese Zone beim Umschmelzen oxidiert. Aufgrund des höheren Einkopplunsgrads des CO_2-Laserstrahls in Eisenoxid ist die Einkopplung in Luft höher als in Argon.

Betrachtet sei zunächst der Prozeß ohne Argonschutzgas. Bei konstantem Strahldurchmesser und Vorschub steigt die eingestrahlte Energie mit der Leistung. Wenn die Laserleistung so klein ist, daß die Probenoberfläche gerade angeschmolzen wird, ist die Schmelzbadfläche unter dem Strahl klein, der oxidierte Randbereich dagegen groß. Der über den Einstrahlbereich gemittelte Einkopplungsgrad wird im wesentlichen vom Einkopplungsgrad im Oxidbereich bestimmt und ist daher recht hoch. Mit steigender Laserleistung nimmt die Temperatur des Schmelzbads und der Temperaturgradient zu. Durch Wärmeleitung und Konvektionsbewegung der Schmelze vergrößert sich das Schmelzbad unter dem Strahl. Der Oxidationseinfluß auf den Einkopplungsgrad nimmt ab. Der gesamte Einkopplungsgrad sinkt demzufolge mit der Leistung (Bild 13). Wird der Bereich unter dem Strahl komplett umgeschmolzen, so ist der Einkopplungsgrad annährend gleich dem in der Schmelze. Er ändert sich mit weiterer Leistungserhöhung (in diesem Fall größer als 2000 W) nicht mehr. Demzufolge beträgt der Einkopplungsgrad in der Schmelze beim Umschmelzen an Luft ca. 16%.

Natürlich wird die metallische Schmelze beim Umschmelzen an Luft auch oxidiert. Jedoch ist der Wachstumsvorgang der Oxidschicht diffusionsgesteuert und damit zeitabhängig. Durch eine heftige Konvektionsbewegung wird eine an der Oberfläche entstandene Oxidschicht sofort ins Schmelzbad eingezogen[1]. Damit wird ein Wachstum der Oxidschicht verhindert. Der Einfluß der Oxidation ist daher in der Schmelze zu vernachlässigen. Beim Laserschneiden wurden ähnliche Beobachtungen gemacht [90].

Der Einkopplungsgrad beim Umschmelzen in Argon sinkt ebenfalls mit der Leistung. Hierfür sind zwei Gründe denkbar: 1) Infolge der Oberflächenrauhigkeit der Proben liegt der Einkopplungsgrad im festen Bereich höher als in der Schmelze. 2) Das Argonschutzgas wurde während des Prozesses mit Hilfe eines Kupferrohrs zur Umschmelzstelle geführt. Bei einer Leistung kleiner als 3000 W wurde zwar erreicht, daß die Oberflächen der umgeschmolzenen Bahnen einen metallischen Glanz zeigen, jedoch ist eine vollständige Unterdrückung der Oxidation nicht gesichert. Durch Wirbelströmung am Rand des Argongasstroms gelangt eine kleine Menge Luft zusammen mit Argon an die Bearbeitungstelle. Damit wird der Einkopplungsgrad im Randbereich erhöht. Aus dem gleichen Grund wie beim Umschmelzen an Luft sinkt der gesamte Einkopplungsgrad mit wachsender Laserleistung.

In Bild 13 ist außerdem ersichtlich, daß das spezifische Volumen beim Umschmelzen, sowohl in Luft als auch in Argonschutzgas, mit der Laserleistung trotz des sinkenden Einkopplungsgrads zunimmt. Nach Formel (16) hängt das spezifische Volumen vom Verhältnis $P_w/(A_e\,P)$, dem Verhältnis von der Verlustleistung durch Wärmeleitung ins Substrat zur eingekoppelten

---

[1] Mehr dazu in 4.5.1. Dort wird über Untersuchungen mit einer Hochgeschwindigkeitskamera während des Umschmelzens von graphitierten Proben berichtet.

Laserleistung, ab. Bei kleiner Leistung geht $(A_e\,P)$ durch Wärmeleitung vollständig ins Substrat, dabei gilt $P_w = A_e\,P$. Es findet keine Aufschmelzung statt. Überschreitet die Leistung bei konstantem Strahldurchmesser einen gewissen Wert, so reicht die Wärmeleitung nicht mehr aus, um die gesamte eingekoppelte Laserenergie von der bestrahlten Zone wegzubringen. Die Substratoberfläche wird angeschmolzen. Hierbei ist P_w bereits kleiner als $(A_e\,P)$. Bei weiterer Erhöhung der Leistung und konzentrierterer Energieeinkopplung nimmt das Verhältnis $P_w/(A_e\,P)$ ab. Damit ist die Erhöhung des spezifischen Volumens mit steigender Laserleistung zu erklären. Im Bereich höherer Laserleistung wird die Leistungserhöhung durch die Zunahme des Temperaturgradienten kompensiert, daher flacht die Zunahme des spezifischen Volumens wieder ab.

4.3.2 Einfluß des Strahldurchmessers

Bei einer Variation des Strahldurchmessers ändert sich die Intensität und die Bestrahlungsdauer. Wie aus Bild 14 ersichtlich ist, steigt der Einkopplungsgrad bei einer Leistung von 1000 W mit dem Strahldurchmesser so lange, bis die Intensität so klein wird, daß keine Aufschmelzung mehr stattfindet. Dann fällt der Einkopplunsgrad abrupt auf einen Wert von 15% ab. Bei einer Leistung von 3000 W ist die Intensität im untersuchten Bereich über dem oben genannten Schwellwert. Die steile Abnahme des Einkopplungsgrads ist daher nicht aufgetreten. Das spezifische Volumen ist ebenfalls eine Funktion des Strahldurchmessers, es steigt im Bereich bis zu 2 mm mit dem Strahldurchmesser an und nimmt dann langsam ab.

Aufgrund der Tatsache, daß hier keine Schutzgasatmosphäre vorhanden war, kann der Anstieg des Einkopplungsgrads mit dem Strahldurchmesser ebenfalls durch den unterschiedlichen Absorptionsgrad im Schmelzbad und im oxidierten Randbereich vor dem Schmelzbad erklärt werden. Da die Strahlintensität mit zunehmendem Strahldurchmesser sinkt, nimmt die Schmelzzone unter dem Strahlbereich ab. Es wird ein größerer oxidierter fester Randbereich vom Laser bestrahlt und somit steigt der Einkopplungsgrad mit dem Strahldurchmesser an. Wenn aber die Strahlintensität so niedrig ist, daß keine Oxidation der Oberfläche hervorgerufen werden kann, wird natürlich keine Schmelztemperatur erreicht. Der Einkopplungsgrad sinkt auf das Niveau der Festphaseneinkopplung. Damit ist der Abfall des Einkopplungsgrads und des spezifischen Volumens bei P=1000 W zu erklären.

Es sind zwei Bereiche unterschiedlichen Einflusses des Strahldurchmessers in Bild 14 ersichtlich. Bei $d_L < 2$ mm steigt das spezifische Volumen parallel zum Einkopplunsgrad mit dem Strahldurchmesser. Bei $d_L > 2$ mm sinkt es, trotz des fallenden Einkopplungsgrads, wie in

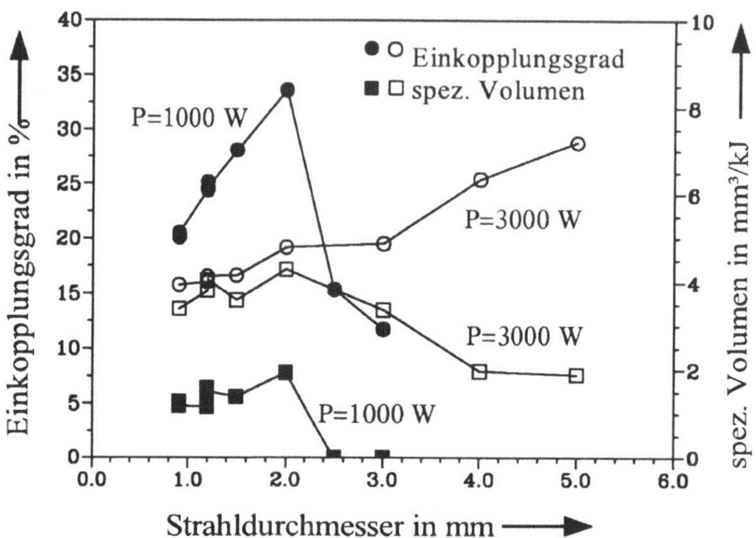

Bild 14   Der Einfluß des Strahldurchmessers auf das Einkopplungsverhalten beim Laserumschmelzen mit dem CO_2-Laser, v=0,6 m/min, in Luft.

Bild 13 bei variierender Leistung. Das liegt möglicherweise daran, daß das Wärmeleitungsverhalten in beiden Durchmesserbereichen unterschiedlich sind. Bei kleinem Durchmesser ist die Wärmeleitung dreidimensional, während bei großem Durchmesser eine eindimensionale Wärmeleitung überwiegt. Hierzu müssen weitere Untersuchungen unternommen werden.

4.3.3 Einfluß der auf den Strahldurchmesser bezogenen Leistung

Bei einer Variation der Leistung und des Strahldurchmessers (für $d_L>2$ mm) verhält sich das spezifische Volumen auf die gleiche Art und Weise, es nimmt trotz des fallenden Einkopplungsgrads zu. Dies ist wahrscheinlich auf dasselbe Wärmeleitungsverhalten zurückzuführen. Daher erscheint es sinnvoll, den Einfluß dieser beiden Parameter gemeinsam zu betrachten.

In Bild 15 wird der Einkopplungsgrad und das spezifische Volumen beim Umschmelzen mit dem CO_2-Laser über der auf den Strahldurchmesser bezogenen Laserleistung aufgetragen. Die Leistung wurde dabei von 1000 bis 4000 W, der Strahldurchmesser von 0,9 bis 5,0 mm variiert, während die Geschwindigkeit jeweils bei 0,8 bzw. 0,6 m/min konstant gehalten wurde. Es ist ein kritischer Wert der bezogenen Leistung bei 500 W/mm zu erkennen, unter dem keine Aufschmelzung stattfindet. Das spezifische Volumen bleibt Null und der Einkopplungsgrad auf dem Niveau der Festphaseneinkopplung (es tritt keine bzw. nur leichte

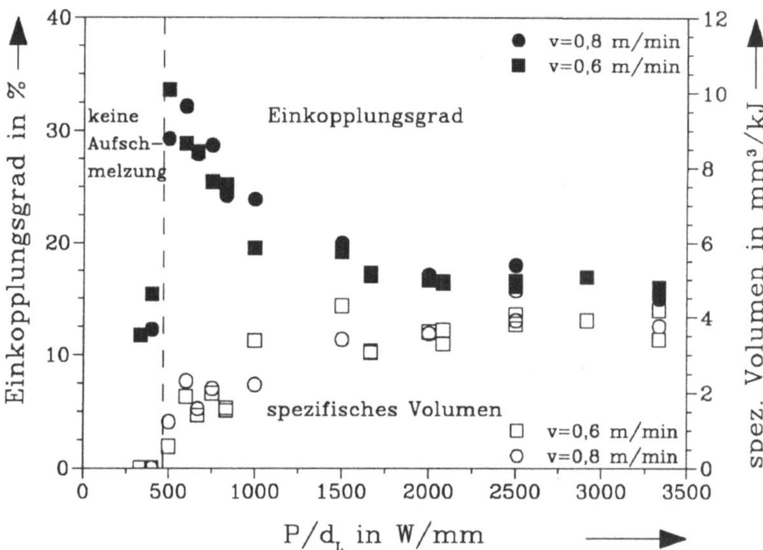

Bild 15 Einkopplungsgrad und spezifisches Volumen des CO_2-Lasers als Funktion der auf den Strahldurchmesser bezogenen Leistung beim Umschmelzen an Luft.

Oxidation auf). Wird bei einer Erhöhung der bezogenen Leistung die Oxidationstemperatur überschritten, nimmt die Einkopplung sprunghaft zu, was zu einer Anschmelzung der Werkstückoberflächen führt. Mit steigender bezogener Leistung sinkt der Einkopplungsgrad von anfänglich 34% bis zu einem Wert von 16% und bleibt dann konstant. Die Änderung der Vorschubgeschwindigkeit von 0,8 auf 0,6 m/min beeinflußt den Einkopplungsgrad kaum.

Trotz des fallenden Einkopplungsgrads steigt das spezifische Volumen mit steigender bezogener Leistung. Dies ist mit der Abnahme des Verhältnisses $P_w/(A_e P)$ erklärbar. Im Bereich des hohen Einkopplungsgrads liegt das spezifische Volumen niedrig. Erst wenn der Einkopplungsgrad auf seinen niedrigsten Wert sinkt, erreicht das spezifische Volumen das Maximum von 4 mm³/kJ. Bei einer weiteren Erhöhung der bezogenen Laserleistung besteht die Gefahr, daß infolge der starken Temperaturerhöhung Verdampfung einsetzt. Solange sich kein Dampfkanal bildet und Vielfachreflexion nicht einsetzt, sinkt die Einkopplung aufgrund des Wärmeverlustes bei der Verdampfung.

Weiter wird in Bild 16 Einkopplungsgrad und spezifisches Volumen beim Umschmelzen mit dem CO_2-Laser in Argon als Funktion der bezogenen Leistung dargestellt. Der Einkopplungsgrad liegt im Bereich von 14 bis 17%. Im Vergleich zum Umschmelzen an Luft wird der Schwellwert der bezogenen Leistung zu größeren Werten hin verschoben. Er beträgt über

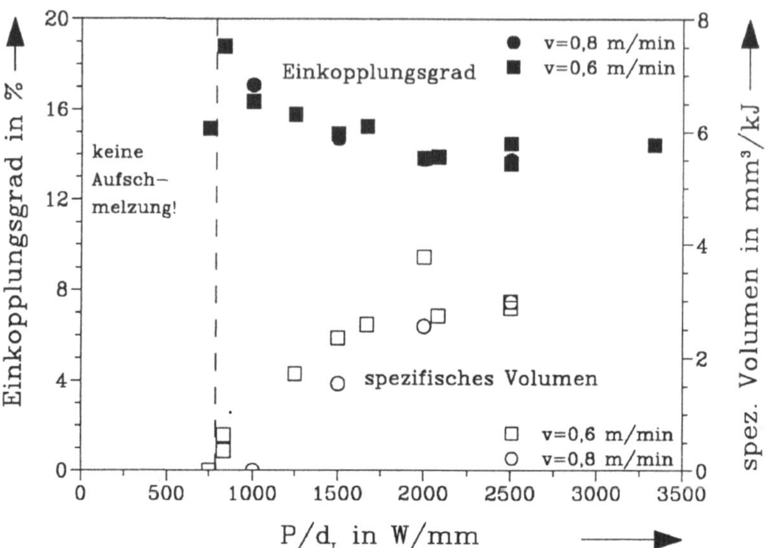

Bild 16   Einkopplungsgrad und spezifisches Volumen des CO_2-Lasers als Funktion der auf den Strahldurchmesser bezogenen Leistung beim Umschmelzen in Argon.

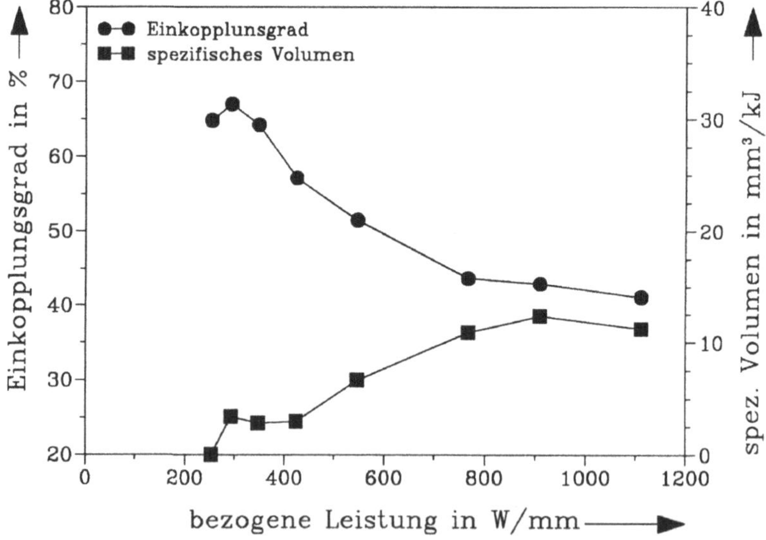

Bild 17   Einkopplungsgrad und spezifisches Volumen des Nd:YAG-Lasers als Funktion der auf den Strahldurchmesser bezogenen Leistung beim Umschmelzen an Luft.

800 W/mm. Der Einkopplungsgrad in die Festphase ist mit 17% höher als in die Schmelze, was an der Oberflächenrauhigkeit und der nicht vollständig unterdrückten Oxidation liegt

(4.3.1). In der Schmelze ist der Einkopplungsgrad in Luft nur geringfügig größer als in Argon. Das spezifische Volumen beim Umschmelzen in Argon beträgt 3 mm^3/kJ.

Die Einkopplung beim Umschmelzen mit dem 1,2 kW Nd:YAG-Laser wird in Bild 17 dargestellt. Die Messungen wurden in Luft durchgeführt. Der Verlauf des Einkopplungsgrads sowie des spezifischen Volumens mit der bezogenen Leistung ist ähnlich wie beim CO_2-Laser. Die Werte unterscheiden sich jedoch erheblich. Während der Einkopplungsgrad beim CO_2-Laser im Bereich von 16% bis 34% liegt, beträgt er für Nd:YAG-Laser 41% bis 65%. Das spezifische Volumen beträgt mit 12 mm^3/kJ das dreifache des mit dem CO_2-Laser erzielten.

Zur Klärung der Ursache, warum die Einkopplung beim Umschmelzen von der auf den Strahldurchmesser bezogenen Leistung abhängt, sind weitere Untersuchungen erforderlich.

4.3.4 Einfluß der Geschwindigkeit auf die Einkopplung

Am Beispiel des Nd:YAG-Lasers wird der Einfluß der Vorschubgeschwindigkeit auf den Einkopplungsgrad und das spezifische Volumen in Bild 18 demonstriert. Mit der Geschwindigkeit steigt sowohl der Einkopplungsgrad als auch das spezifische Volumen. Die Erhöhung des Einkopplungsgrads ist auf den zunehmenden Versatz zwischen Strahl und Schmelzbad mit der Geschwindigkeit zurückzuführen. Dabei wächst die oxidierte Zone im Strahlbereich aufgrund der fehlenden Schutzgasatmosphäre. Der Einkopplungsgrad als Mittelwert der lokalen Absorptionsgrade nimmt daher zu.

Das spezifische Volumen hängt vom Einkopplungsgrad und der Wärmeleitung ab. Mit der Geschwindigkeitserhöhung ist die Wechselwirkungsdauer des Laserstrahls mit dem Werkstück kürzer, und damit ist der durch Wärmeleitung ins Substrat verloren gegangene Leistungsanteil P_w kleiner. Das spezifische Volumen steigt deshalb mit der Geschwindigkeit und dem Einkopplungsgrad (Bild 18).

Dies ist aber nicht immer der Fall. Bild 19 zeigt den Einkopplungsgrad und das spezifische Volumen beim Umschmelzen mit dem CO_2-Laser in Abhängigkeit von der Geschwindigkeit, bei sonst gleichen Prozeßparametern. Der Einkopplungsgrad ändert sich kaum mit der Geschwindigkeit, das spezifische Volumen nimmt im Gegensatz zum Umschmelzen mit dem Nd:YAG-Laser mit der Geschwindigkeit ab.

Zur Klärung des widersprüchlichen Verhaltens zwischen Bild 18 und Bild 19 sind weitere

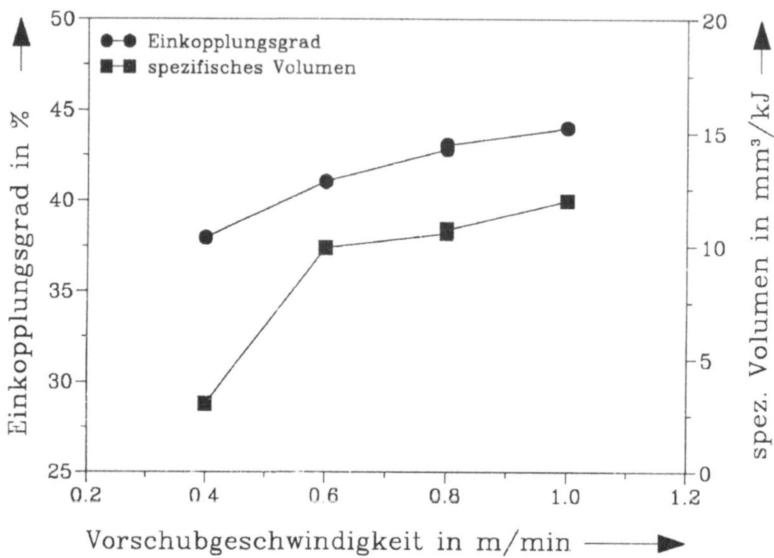

Bild 18   Einkopplungsgrad und spezifisches Volumen als Funktion der Geschwindigkeit beim Umschmelzen mit dem Nd:YAG-Laser (in Luft), P=1000 W, d_L=0,9 mm.

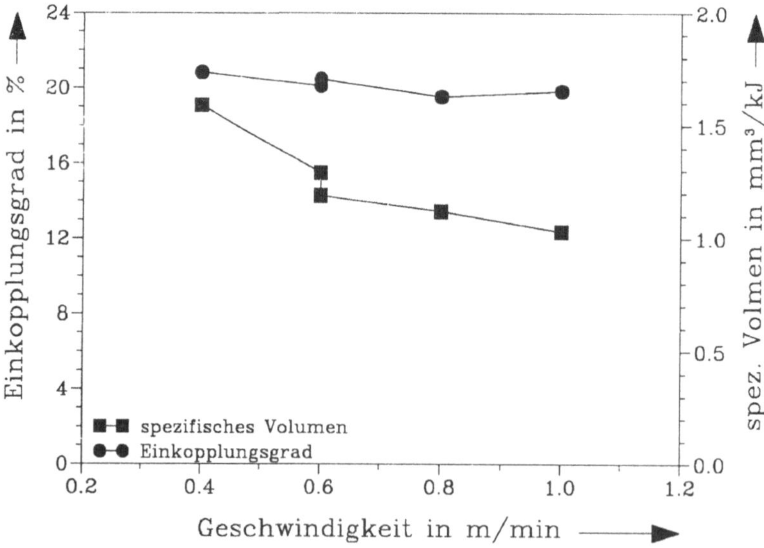

Bild 19   Einkopplungsgrad und spezifisches Volumen als Funktion der Geschwindigkeit beim Umschmelzen mit dem CO_2-Laser (in Luft), P=1000 W, d_L=0,9 mm.

Untersuchungen notwendig.

4.4 Numerische Simulation der Lasereinkopplung beim Umschmelzen

Zur Verifizierung des Einkopplungsverhaltens und dessen Parameterabhängigkeit werden numerische Simulationen der Umschmelzprozesse bei Bestrahlung mit dem CO_2-Laser durchgeführt. Dazu wird das Finite-Elemente-Programm FIDAP verwendet.

4.4.1 Das Simulationsmodell und die Randbedingungen

Die numerischen Simulationen basieren auf einem dreidimensionalen Wärmeleitungsmodell. Zur Vereinfachung des Problems wird Marangoni-Konvektion im Schmelzbad nicht berücksichtigt, Momenten- und Massenerhaltungsgleichungen müssen daher bei der Erstellung des Modells nicht in Betracht gezogen werden.

Die dreidimensionale Wärmeleitgleichung für eine punktförmige Wärmequelle, die mit einer konstanten Geschwindigkeit v_x entlang der x-Achse (in der Vorschubrichtung) bewegt wird, kann wie folgt ausgedrückt werden [91]:

$$ - v_x \frac{\partial T}{\partial x} = \frac{\lambda}{\varrho \, c_p} \left(\frac{\partial^2 T}{\partial x^2} + \frac{\partial^2 T}{\partial y^2} + \frac{\partial^2 T}{\partial z^2} \right), \qquad (19) $$

mit:
- x: Koordinate in Vorschubrichtung,
- y: Koordinate quer zur Vorschubrichtung,
- z: Koordinate in die Tiefe der Probe,
- v_x: Vorschubgeschwindigkeit, die Komponenten v_y und v_z sind gleich Null,
- λ: Wärmeleitfähigkeit,
- ϱ: spezifisches Gewicht des Probenmaterials,
- c_p: Wärmekapazität des Probenmaterials.

Das negative Vorzeichen vor v_x steht für die zum Temperaturgradienten entgegengesetzte Wärmestromrichtung.

<u>Mode des Laserstrahls</u>
Die Simulationen gehen von einer bekannten Intensitätsverteilung des Laserstrahls aus. Zur Vereinfachung des Problems wurde der Gauß'sche Grundmode des CO_2-Lasers angenommen:

$$I_{(x,y)} = I_0 \exp\left[-8\left(\frac{x+y}{d_L}\right)^2\right] \, . \tag{20}$$

Mit der Definition der Laserleistung erhält man die maximale Intensität wie folgt:

$$I_0 = \frac{8}{\pi} \frac{P}{d_L^2} \, . \tag{21}$$

Temperaturabhängige Absorptionsgrade

Für die Simulationen ist es notwendig, die Werte des Absorptionsgrads von der Raumtemperatur bis zum Schmelzpunkt zu kennen. Dausinger [12] berichtete über eine Berechnung der temperaturabhängigen Absorptionsgrade bei Stahl für Laser unterschiedlicher Wellenlänge. Diese Berechnungen passen sehr gut zu den bisher veröffentlichten experimentellen Daten, gelten jedoch nur für Proben mit idealen Oberflächen. In [1] wurden Einkopplungsgrade der Stähle mit unterschiedlichen Oberflächenqualitäten gezeigt. Unter Berücksichtigung der Rauhigkeit der in dieser Arbeit verwendeten Proben werden daher die in [12] berichteten Werte des Absorptionsgrads bei allen Temperaturen um 5,8% nach oben korrigiert (Tabelle 8). Der Einkopplungsgrad in der Schmelze wird aus Bild 16 ermittelt, für Temperaturen oberhalb des Schmelzpunkts wird ein konstanter Wert von 14% angenommen.

Für Umschmelzen in Luft werden die temperaturabhängigen Einkopplungsgrade aus [13] verwendet. Diese Werte wurden beim Kohlenstoffstahl SM45C mit einer Bestrahlungsdauer von 30 Sekunden ermittelt. Der Einkopplungsgrad oberhalb des Schmelzpunktes wird unabhängig von der Temperatur bei 16% festgesetzt (Bild 15).

Das Netz

Aufgrund der Symmetrie wurde die Modellierung bezüglich des Werkstücks und des Strahls nur halbseitig durchgeführt. Das für die Simulation zugrunde liegende Netz hat eine Größe von 30x10x5 mm. Wegen des höheren Temperaturgradienten im Bestrahlungsbereich wurde das Netz zur Strahlmitte hin zunehmend feiner modelliert (Bild 20). Zur Vereinfachung des Auswertungsalgorithmus wurde im Strahlzentrum ein rechteckiger Bereich mit einem Gitterabstand 0,1 mm gewählt. Dieses Netz stellt bezüglich seiner Knotenzahl einen Kompromiß zwischen ausreichender Simulationsgenauigkeit und akzeptabler Rechenzeit dar [92].

Tabelle 8 Die bei der Modellierung angenommenen Absorptionsgrade der CO_2-Laserstrahlung.

Absorptionsgrade im Schutzgas [12]				Absorptionsgrade in Luft [13]	
Temp. °C	Abs.grad %	Temp. °C	Abs.grad %	Temp. °C	Abs.grad. %
0	9,19	1000	16,66	20	6
100	9,58	1227	17,16	353	21
200	10,07	1267	17,21	898	37
300	10,73	1307	17,26	1491	41
400	11,55	1327	17,29	1536	16
500	12,60	1367	17,34		
600	13,66	1387	17,36		
700	14,50	1427	17,43		
800	16,17	1447	17,44		
850	16,38	1487	17,48		
900	16,58	1527	17,51		
920	16,47	>1536	14,00		
950	16,55				

<u>Iterationsvorgang</u>

Anhand der temperaturabhängigen Absorptionsgrade und ausgehend von der Raumtemperatur kann man die lokal absorbierte Intensitätsverteilung $I_a(x,y)$ aus der vorgegebenen Strahlintensitätsverteilung $I(x,y)$ und dem Einkopplungsgrad $A_e(T)$ berechnen. Durch Wärmeleitung wird die an der Oberfläche eingekoppelte Laserenergie teilweise ins Werkstück transportiert. Es entsteht ein Temperaturfeld, aus welchem sich eine zweite Verteilung $I_a(x,y)$ und ein neues dazu gehöriges Temperaturfeld ermitteln läßt. Dieser Iterationsvorgang wird so lange fortgesetzt, bis ein gewähltes Konvergenzkriterium erfüllt wird.

<u>Auswertungsverfahren</u>

Aus dem Temperaturfeld werden Isothermen in der x-y– und y-z–Ebene ermittelt. Die Flächen der festen und flüssigen Zone im Strahlbereich lassen sich dann durch die Schmelzisothermen in der x-y–Ebene ermitteln. Die Querschnittsfläche der Spuren ergibt sich aus den

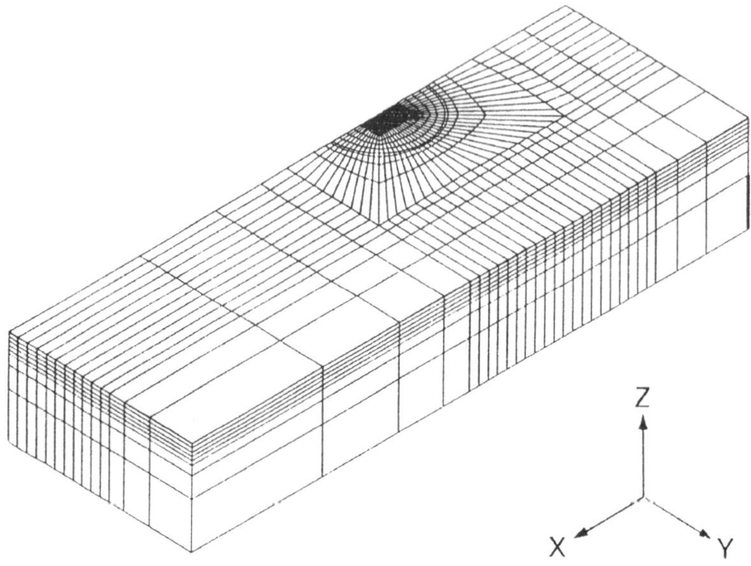

Bild 20   Das Netz für die numerische Simulation.

Isothermen der y-z-Ebene. Der Einkopplungsgrad errechnet sich durch Bildung des Mittelwertes von $A_e(T)$ innerhalb des Strahlbereiches. Gleichzeitig wird das spezifische Volumen aus der Querschnittsfläche in der y-z-Ebene mit Formel (16) ermittelt [92].

4.4.2 Simulationsergebnisse

<u>Variierte Laserleistung</u>
Bild 21 stellt beim Umschmelzen unter Schutzgasatmosphäre den Einkopplungsgrad und das spezifische Volumen in Abhängigkeit von der Laserleistung dar. Ebenfalls in Bild 21 werden die durch Simulation bestimmten Schmelzzonen relativ zum Laserspot für drei Leistungswerte aufgezeichnet. Daraus ist ersichtlich, daß sich der Schmelzbereich unter dem Strahl mit der Leistung vergrößert. Aufgrund der Temperaturabhängigkeit der angenommenen Absorptionsgrade (Tabelle 8) nimmt der mittlere Einkopplungsgrad mit steigender Leistung ab. Das spezifische Volumen zeigt die gleiche Tendenz wie die Meßergebnisse (vgl. Bild 13).

<u>Auf den Strahldurchmesser bezogene Laserleistung</u>
Für das Umschmelzen mit dem CO_2-Laser ohne Berücksichtigung des Oxidationseinflusses werden in Bild 22 die durch numerische Simulation erhaltenen Einkopplungsgrade und das spezifische Volumen mit dick ausgezogenen Linien dargestellt. Zum Vergleich sind auch die

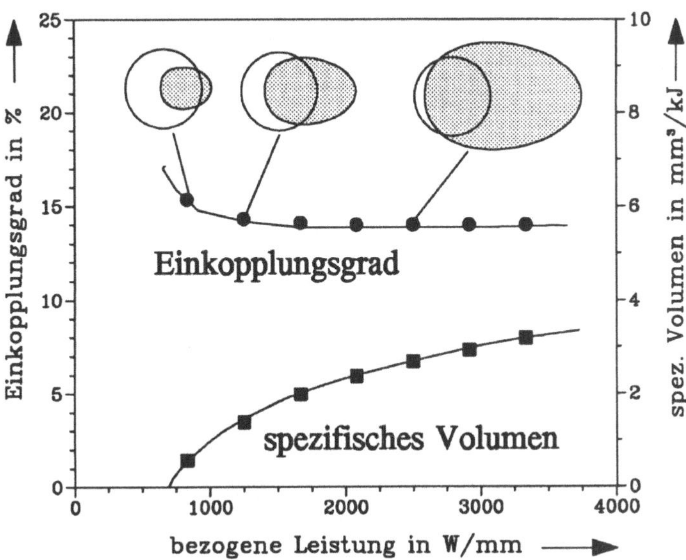

Bild 21 Durch Simulation erhaltener Einkopplungsgrad und spezifisches Volumen als Funktion der Leistung beim Umschmelzen mit dem CO_2-Laser (Leistung variiert).

kalorimetrisch gemessenen Werte eingetragen. Es ist eine recht gute Übereinstimmung zwischen der Simulation und den Experimenten festzustellen. Der gemessene Einkopplungsgrad im Bereich kleiner bezogener Leistung liegt höher als der durch Simulation erhaltene Einkopplungsgrad. Dies unterstützt die Vermutung, daß bei Messungen Oxidation trotz des Argongases aufgetreten ist.

Ebenfalls gute Übereinstimmung zwischen der Simulation und den experimentellen Ergebnissen der Einkopplungsgrade und des spezifischen Volumens werden beim Umschmelzen in Luft erreicht (Bild 23). Im Bereich kleiner bezogener Leistung sind die Werte der Simulation etwas höher als die der Experimente, da die angenommenen Einkopplungsgrade in Oxidschichten bei einer Bestrahlung von 30 s ermittelt wurden [13], also bei einer längeren Einwirkzeit als sie beim Laserumschmelzen auftritt.

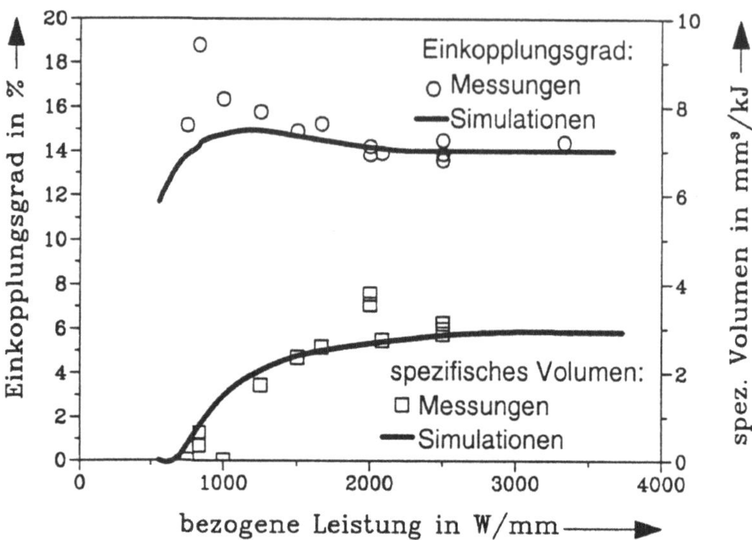

Bild 22   Einkopplungsgrad und spezifisches Volumen als Funktion der bezogenen Laserleistung beim Umschmelzen mit dem CO_2-Laser in Argon (P und d_L variiert).

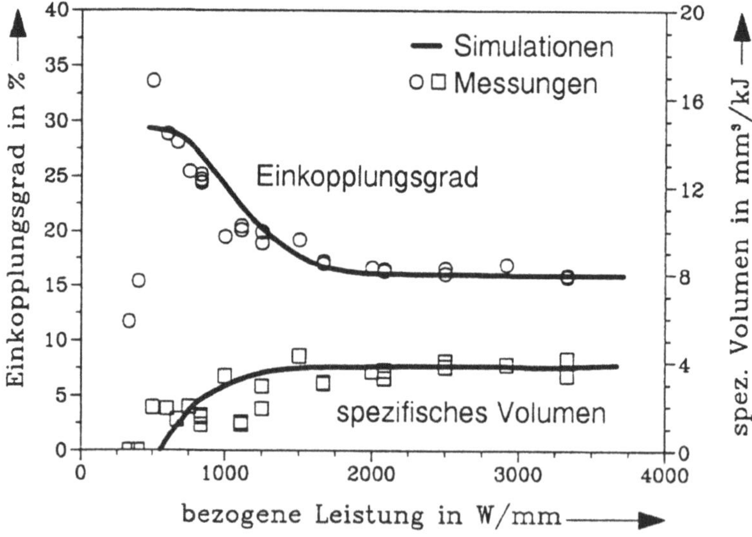

Bild 23   Einkopplungsgrad und spezifisches Volumen als Funktion der bezogenen Laserleistung beim Umschmelzen mit dem CO_2-Laser an Luft.

4.5 Steigerung der Umschmelzeffizienz

Aus den letzten Abschnitten geht hervor, daß der Einkopplungsgrad bei Stahl beim Umschmelzen mit dem CO_2-Laser an Luft nur 16% beträgt. Es stellt sich daher die Frage, wie kann eine höhere Umschmelzeffizienz bei der Laseroberflächenbehandlung erreicht werden?

Es sind folgende Möglichkeiten denkbar:
- Vorbeschichten mit einkopplungsförderndem Material (Graphit usw.),
- Schrägeinfall des linear polarisierten Laserstrahls,
- Benutzung von Bearbeitungslasern mit kürzerer Wellenlänge als CO_2-Laser,
- Aufbringung von Zusatzmaterialien,
- Ausnutzung des "Tiefschweißeffekts" und
- Benutzung eines Rückkoppelspiegels.

4.5.1 Erhöhung des Einkopplungsgrads durch Graphitbeschichtung

Die Auswirkung der Graphitbeschichtung wird in Bild 24 deutlich. Bei fallender bezogener Laserleistung läßt sich aufgrund der Graphitbeschichtung eine Erhöhung sowohl des Einkopplungsgrads als auch des spezifischen Volumens beobachten. Mit wachsender bezogener Laserleistung läßt die Wirkung der Graphitbeschichtung nach. Da das Umschmelzen unter Schutzgasatmosphäre durchgeführt wurde, kann von einer Verbrennung des Graphits als einzige Ursache für diese Abnahme nicht ausgegangen werden.

Um diese Erscheinung zu verstehen, wurde die Schmelzzone mit einer Hochgeschwindigkeitskamera (Kodak-EktaPro 1000) beobachtet. Die maximale Aufnahmegeschwindigkeit der Kamera beträgt 6000 Bilder pro Sekunde. Bild 25 (links) zeigt eine Momentaufnahme, wobei sich der Laserstrahl von links nach rechts bewegt. Man erkennt eine noch feste, helle Zone vor der Schmelzfront. Durch Laserbestrahlung wird das Graphit in dieser Zone stark erhitzt und erscheint heller, da der Emissionskoeffizient des Graphits höher ist als der des Stahls. Die Schmelzzone selber ist vergleichsweise dunkel. Die Schmelze befindet sich in einer Konvektionsbewegung, wobei die Graphitschicht am vorderen Rand zerrissen und in die Schmelze eingeschwemmt wird. Die Graphitflächen erscheinen als helle Flecken in der Aufnahme. Sie schwimmen zunächst an der Oberfläche mit einer Geschwindigkeit von 0,1 bis 1 m/s und tauchen dann in die Schmelze ein. Eine rekonstruierte Bewegungsbahn wird in Bild 25 (rechts) gezeigt.

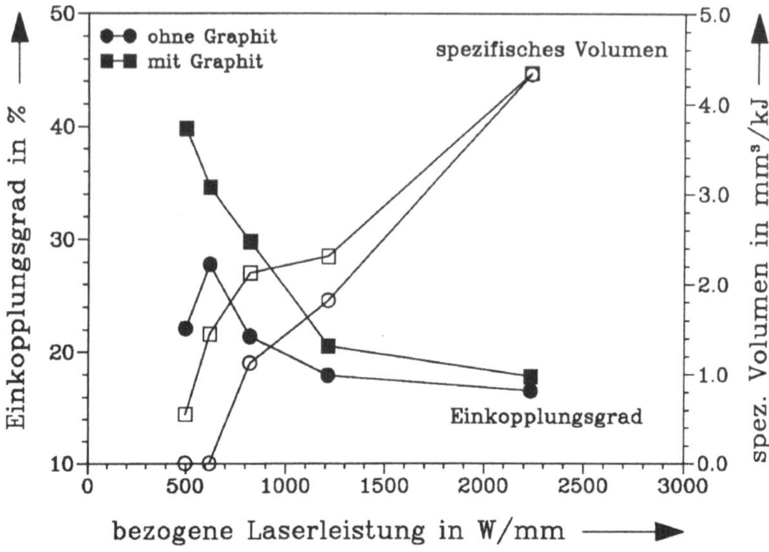

Bild 24   Umschmelzen mit dem 5 kW CO_2-Laser. Die Meßbedingungen: P=3000 W, v=1,0 m/min, d_L=1,3 bis 6 mm, in Argonschutzgas.

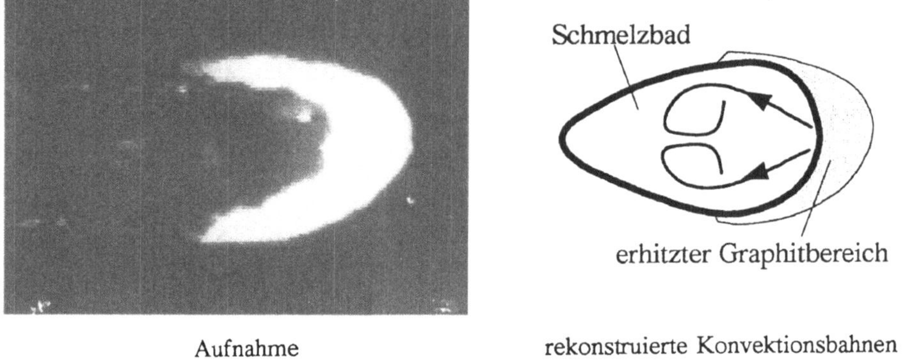

Bild 25   Schmelzzone beim Umschmelzen mit Graphitvorbeschichtung. Die Aufnahme geschwindigkeit betrug 1000 Bilder pro Sekunde.

Daraus lassen sich zwei Erkenntnisse ableiten: 1) Der Laserstrahl trifft teils auf den Schmelzbereich und teils auf das noch feste Material. Wenn eine Graphit- oder Oxidschicht vorhanden ist, ist der Einkopplungsgrad in diesem Bereich höher (siehe 4.3.1). 2) Die Graphitschicht löst sich durch Konvektionsbewegung in der Schmelze. Dadurch wird die Schmelzoberfläche nur zu einem geringen Teil von Graphit bedeckt. Der Einkopplungsgrad entspricht daher eher dem einer reinen Metallschmelze.

Die Verläufe in Bild 24 lassen sich somit ähnlich wie in 4.3 mit unterschiedlichen Einkopplungsgraden in verschiedenen Temperaturzonen unter dem Strahl erklären. Die Einkopplungserhöhung beim Laserumschmelzen in Schutzgas durch Graphitvorbeschichtung ist mit einer Anreicherung des Kohlenstoffs in der Umschmelzschicht verbunden (6.4.1).

4.5.2 Einkopplungserhöhung durch Schrägeinfall linear polarisierter Laserstrahlen

In 2.1 wurde schon auf die Möglichkeit zur Einkopplungserhöhung der Laserenergie durch Schrägeinfall der linear polarisierten Laserstrahlen nach dem Fresnelschen Absorptionsgesetz hingewiesen. Die Voraussetzung für die Einkopplungserhöhung ist, daß die Polarisationsebene des Laserstrahls mit der Einfallsebene, die aus der Flächennormale der Probenebene und der Strahlachse gebildet wird, zusammenfällt (Bild 26). Der Einfallswinkel ist derjenige zwischen der Flächennormalen und der Strahlachse.

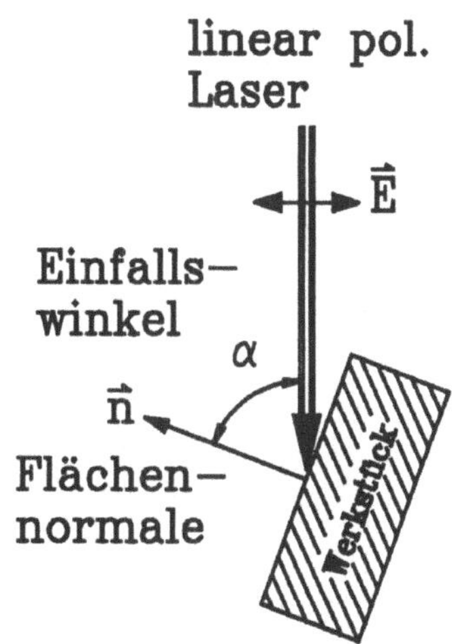

Die meisten Multikilowatt CO_2-Laser liefern aufgrund ihrer gefalteten Resonatoren zwar einen linear polarisierten Strahl [11], jedoch wird - um eine Richtungsunabhängigkeit des Bearbeitungsergebnisses zu erzielen - in einem nachgeschalteten Element die Strahlung zir

Bild 26 Die Voraussetzung zur Ausnutzung der Fresnel-Absorption.

kular polarisiert. Die gegenwärtig übliche Anordnung in den Bearbeitungsstationen ist zudem ein senkrecht auf das Werkstück fallender Laserstrahl.

Bild 27 zeigt eine Meßreihe beim Umschmelzen mit einem linear polarisierten CO_2-Laserstrahl. Steht die Polarisationsebene senkrecht zur Einfallsebene, sinkt der Einkopplungsgrad mit steigendem Einfallswinkel. Bei paralleler Polarisation steigt der Einkopplungsgrad jedoch mit dem Einfallswinkel (vgl. Bild 2).

Bild 28 zeigt eine Meßreihe mit dem CO_2-Laser beim Umschmelzen von 16MnCrS5 bei verschiedenen Einfallswinkeln. Die Querschnittsfläche der Umschmelzspuren werden über der Streckenenergie aufgetragen. Die Querschnittsfläche nimmt mit steigender Streckenenergie und wachsendem Einfallswinkel zu. Bei jeweils konstantem Einfallswinkel lassen sich die Meßpunkte durch eine Gerade korrelieren. Die Steigung der Gerade nimmt mit größer

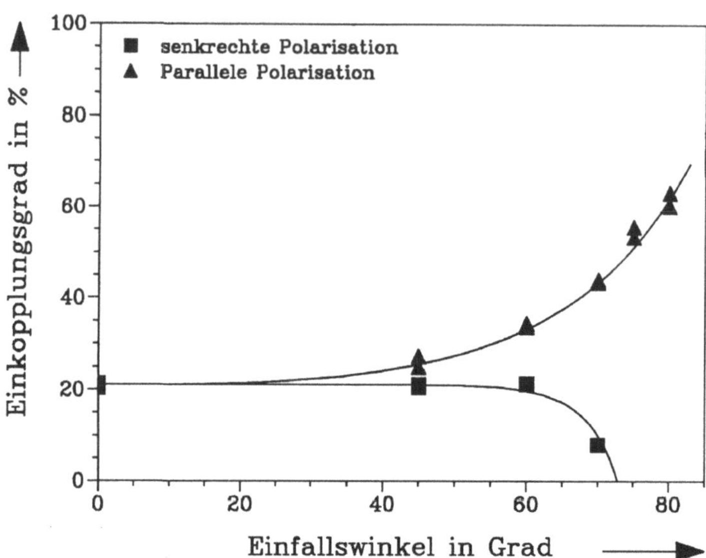

Bild 27   Einkopplungsgrad als Funktion des Einfallswinkels bei senkrechter und paralleler Polarisation, P=500 W, v=0,8 m/min, d_L=0,6 mm, in Luft.

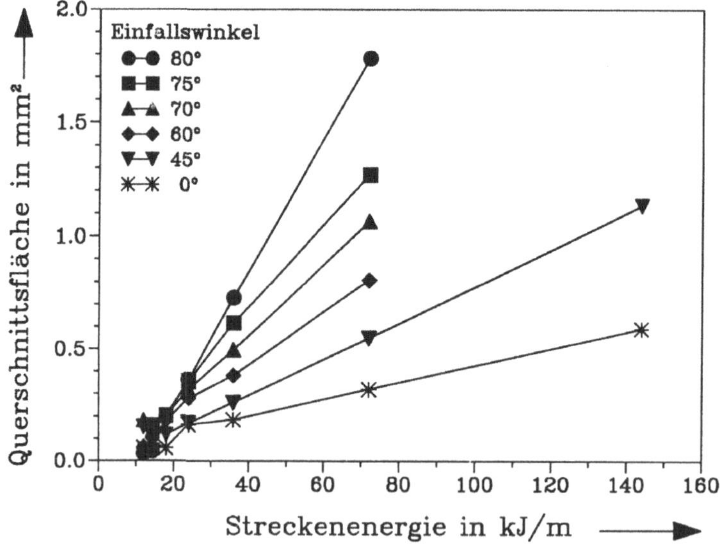

Bild 28   Umschmelzen mit dem CO_2-Laser, P=2400 W, d_L=0,72 mm, v=1 bis 12 m/min, mit Stickstoff als Schutzgas.

werdendem Einfallswinkel zu. Außerdem ist in Bild 28 ein gemeinsamer Schwellwert der Streckenenergie für alle Einfallswinkel zu erkennen. Der Schwellwert hängt nicht vom

Einfallswinkel, sondern von der Schmelzenthalpie und der Wärmeleitfähigkeit des Materials ab. Die mit der Streckenenergie linear anwachsende Querschnittsfläche ergibt sich aus dem ermittelten linearen Zusammenhang zwischen Streckenenergie und Umschmelztiefe. Die Breite der Schmelzbahnen wird dabei wenig beeinflußt.

Die Erhöhung der Strahleinkopplung durch Schrägeinfall kann mit Bild 29 [93] anschaulich erklärt werden. Wird der Einfallswinkel größer, nimmt die Auftrefffläche des Strahls auf dem Werkstück zu. Dementsprechend sinkt die Strahlintensität (Bild 29a). Das Intensitätsmaximum sinkt, und das Profil wird breiter. Bild 29b zeigt die Abhängigkeit der Absorption vom Einfallswinkel am Beispiel des St37-Stahls bei 1532°C. Die Absorption bei senkrechter Einstrahlung liegt bei 10,5%. Mit zunehmendem Einfallswinkel steigt sie stetig. Bei einem Einfallswinkel von ca. 87° erreicht der Absorptionsgrad das Maximum und fällt bei größeren Einfallswinkeln abrupt ab. Aus Bild 29a und Bild 29b wird die absorbierte Intensität in Abhängigkeit vom Einfallswinkel ermittelt und in Bild 29c dargestellt. Beim Vergleich von Bild 29a und Bild 29c erkennt man, daß mit steigendem Einfallswinkel die Höhe der absorbierten Intensität nicht so stark abnimmt wie die der auftreffenden. Die Bestrahlungsbreite nimmt jedoch sehr stark zu. Durch Integration der absorbierten Intensität über die Fläche ergibt sich eine höhere absorbierte Strahlleistung bei größerem Einfallswinkel. Der Vergleich der Ergebnisse bei Einfallswinkeln von 0 und 80° (in Bild 28) zeigt, daß sich die Querschnittsflächen der Schmelzbahnen durch schräge Einstrahlung um den Faktor vier vergrößern.

Die Wirkung des Schrägeinfalls beim Legieren mit WC/Co 88/12 wird in Bild 30 gezeigt. Jede Kurve repräsentiert einen Einfallswinkel. Es ist deutlich zu erkennen, daß das spezifische Volumen bis zu einem Einfallswinkel von 80° steigt. Beim senkrechten Einfall des Laserstrahls (0°) nimmt das spezifische Volumen mit der Streckenmasse[2] zu. Diese Tendenz klingt bei wachsendem Winkel ab. Ab einem Einfallswinkel von 70° ist sogar eine Abnahme des spezifischen Volumens bei steigender Streckenmasse festzustellen. Die Zunahme bei kleinen Einfallswinkeln ist durch mehr zur Verfügung stehendes Zusatzmaterial verständlich. Bei großen Neigungswinkeln sinkt das spezifische Volumen trotz der höheren Streckenmasse, weil hierbei die Pulverzufuhr einen abschirmenden Effekt hat. Dieser Effekt führt vor allem bei kleiner Strahlintensität (in diesem Fall Neigungswinkel >70°) zu einem geringeren Aufschmelzungsvolumen.

---

[2] Unter Streckenmsasse versteht man den Quotient von Pulvermassenstrom zu Vorschubgeschwindigkeit.

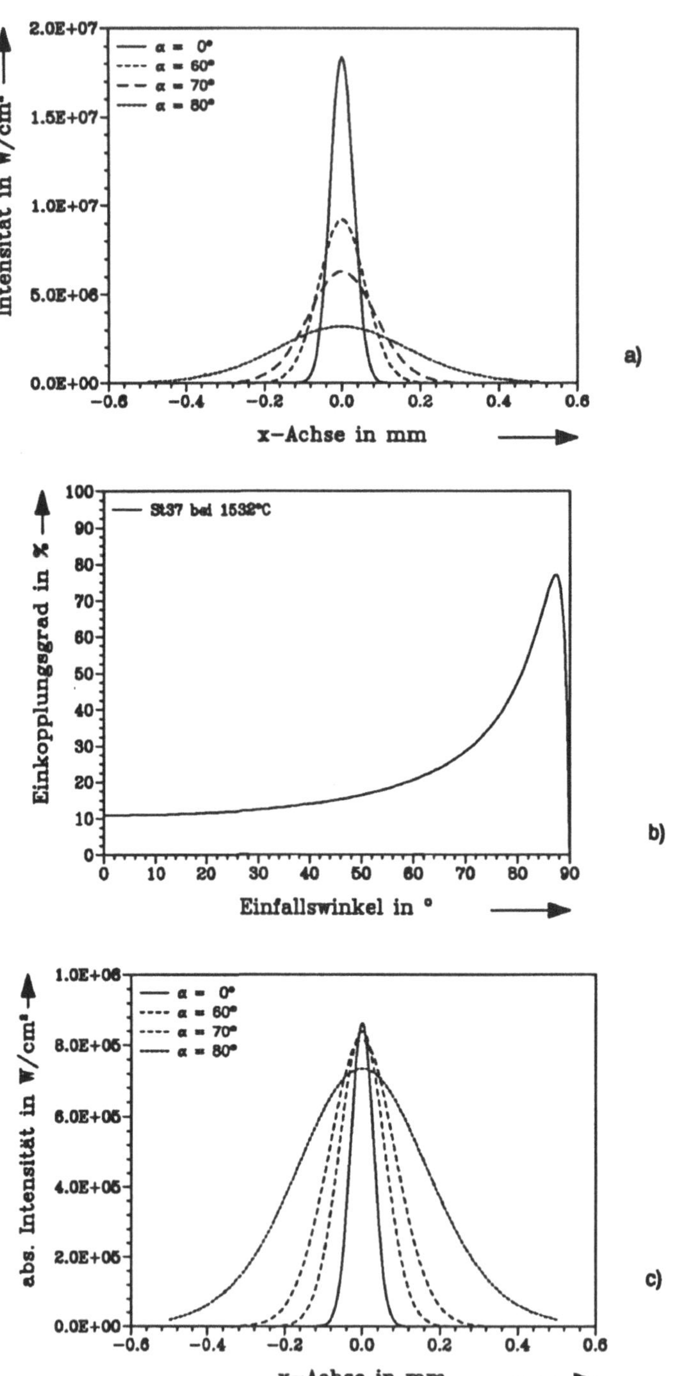

Bild 29 a) Gaußsche Intensitätsverteilung bei unterschiedlichen Einfallswinkeln. b) Absorptionsgrad von St37, c) absorbierte Intensitäten [93].

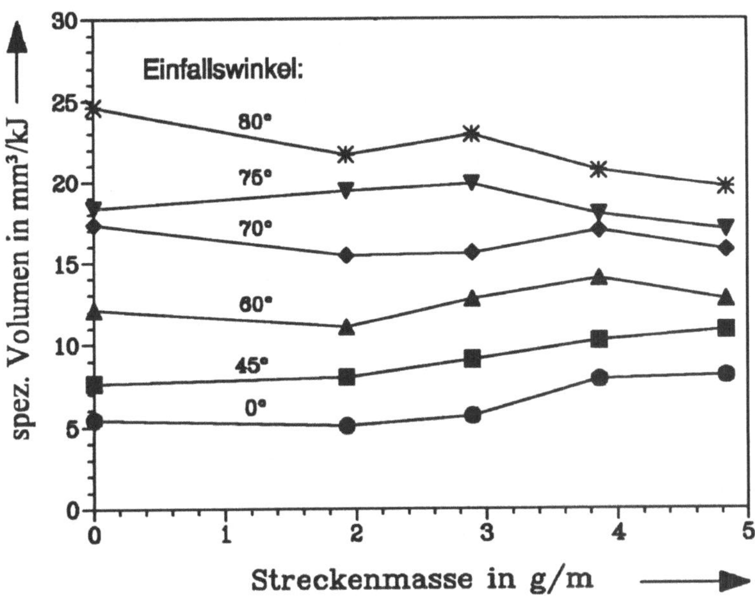

Bild 30	Laserlegieren mit WC/Co bei gleichzeitiger Pulverzufuhr, P=2400 W, v=2 m/min, d_L=0,72 mm.

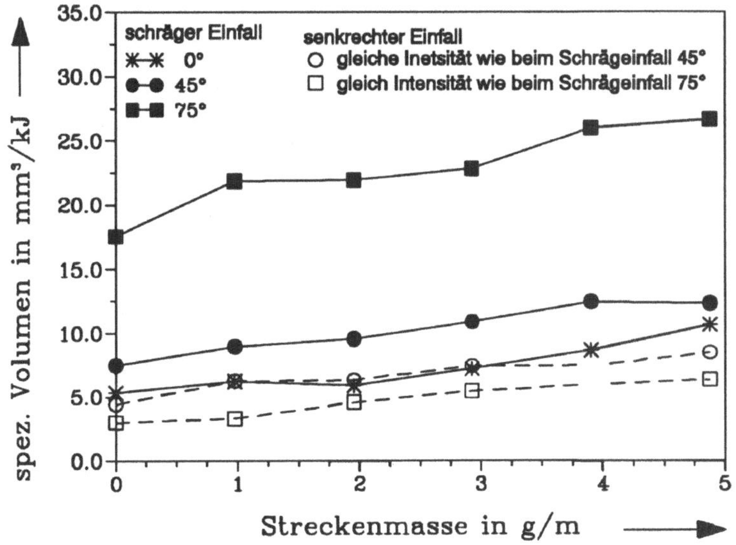

Bild 31	Vergleich des Schrägeinfalls mit dem breiteren Strahl durch Defokussieren, P=2400 W, v=2 m/min, d_L=0,72 mm beim Schrägeinfall.

Die Erhöhung des Einkopplungsgrads beim Schrägeinfall beruht nicht auf der Auswirkung der Strahlverbreiterung. Um diesen Sachverhalt zu belegen, wird eine Vergleichsmessung durchgeführt. Dabei wird der Laserstrahl defokussiert, um die gleiche Intensität wie beim Schrägeinfall von 45° und 75° zu erreichen. Bild 31 zeigt das spezifische Volumen als Funktion der Streckenmasse. Hier ist die Erhöhung des spezifischen Volumens beim Schrägeinfall bestätigt. Es ist unverkennbar, daß das spezifische Volumen beim Schrägeinfall höher ist als das bei gleich großen durch Defokussieren erreichten Intensitäten.

4.5.3 Vergleich der Einkopplung von CO_2- und Nd:YAG-Lasern

Für Stähle gilt im allgemeinen, daß der Einkopplungsgrad mit kürzer werdender Wellenlänge steigt [12]. In Tabelle 9 werden die experimentell bestimmten Werte des Einkopplungsgrads und des spezifischen Volumens beim Umschmelzen mit dem CO_2- und Nd:YAG-Laser gegenübergestellt.

Tabelle 9 Vergleich des Einkopplungsgrads und spezifischen Volumens beim Umschmelzen mit dem CO_2- und Nd:YAG-Laser.

Lasertypen	CO_2	Nd:YAG
Wellenlänge	10,6 μm	1,06 μm
Einkopplungsgrad (Umschm.)	14-19% 16-33%[*]	32-38% 43-65%[*]
spez. Volumen (Umschm.)	3 mm³/kJ 4 mm³/kJ[*]	7,5 mm³/kJ 12 mm³/kJ[*]

[*]:   Laserumschmelzen an Luft

Aus diesem Vergleich geht hervor, daß sowohl der Einkopplungsgrad als auch das spezifische Volumen mit der abnehmenden Wellenlänge des Lasers steigt. Beispielsweise beträgt für den CO_2-Laser das spezifische Volumen beim Umschmelzen an Luft ca. 4 mm³/kJ, für den CO-Laser 8 mm³/kJ und für den Nd:YAG-Laser schon 10-12 mm³/kJ. Das spezifische Volumen beim Nd:YAG-Lasers ist um den Faktor 3 höher als das beim CO_2-Laser.

4.5.4 Einkopplungserhöhung durch Pulverzufuhr

In [4] wird vermutet, daß die Einkopplung der Laserenergie durch die gleichzeitige Pulverzufuhr erhöht ist. Hierfür kann als ein Grund die wesentlich größere Oberfläche der Pulverpartikel angeführt werden, die eine erhöhte Wechselwirkung mit dem Laserstrahl zur Folge hat. Ein weiterer ist der, daß das Pulvermaterial oft eine nichtmetallische Verbindung ist, die einen höheren Absorptionsgrad bei CO_2-Laserbestrahlung als das metallische Substrat hat. Mit dem CO_2-Laser konnte in 4.5.2 gezeigt werden, daß das spezifische Volumen beim Laserlegieren mit der Streckenmasse des WC/Co(88/12)-Pulvers zunimmt (Bild 30). Im folgenden wird die Einkopplung des CO_2-Laserstrahls beim Beschichten mit Stellit6 und beim Legieren mit TiC untersucht.

<u>Steigerung der Prozeßeffizienz beim Beschichten mit dem Stellit6-Pulver</u>
Beim Beschichten mit Stellit6-Pulver wurden die Prozeßparameter so gewählt, daß die Eisenaufmischung auf sehr niedrigem Niveau blieb. Der Einkopplungsgrad und das spezifische Volumen werden über der Streckenmasse in Bild 32 und die zugehörigen Aufnahmen der Querschliffe in Bild 33 dargestellt. Obwohl sich der Einkopplungsgrad mit zunehmender

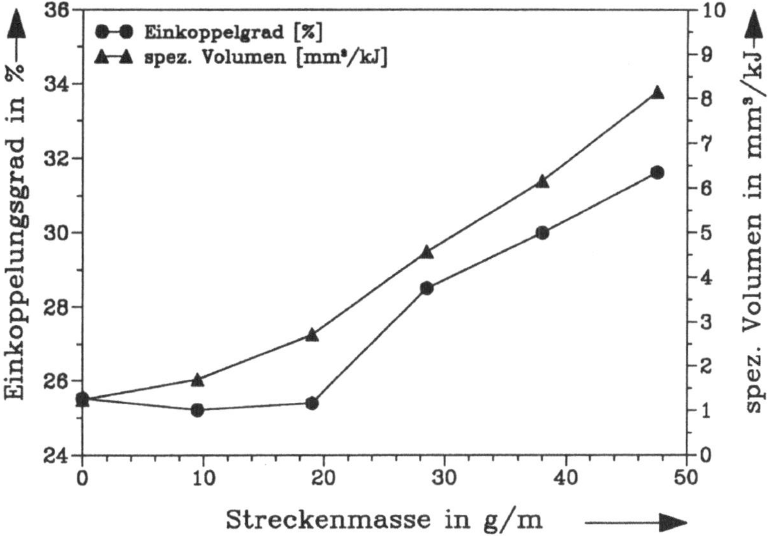

Bild 32 Einkopplungsgrad als Funktion der Streckenmasse beim Laserbeschichten mit Stellit6 Pulver, P=3500 W, v=0,4 m/min, I=2x10⁴ W/cm².

Streckenmasse nur von 25,5 auf 34% erhöht, wächst das spezifische Volumen um mehr als das Vierfache. In Bild 33 ist erkennbar, daß die Einschmelztiefe beim Beschichten mit der Streckenmasse abnimmt, d.h. die Aufheizung des Substrats sinkt. Bei vergleichbaren Werten der spezifischen Schmelzwärme von Stahl und Stellit6 tritt ein kleinerer Wärmeverlustanteil $P_w/(A_e\,P)$ beim Beschichten mit Stellit6 als beim Umschmelzen des Stahls unter gleichen Prozeßbedingungen auf. Daraus ist zu schließen, daß beim Laserbeschichten die Erhöhung des spezifischen Volumens weniger auf die Erhöhung des Einkopplungsgrads, sondern vielmehr auf die Reduzierung des Wärmeverlustanteils zurückzuführen ist.

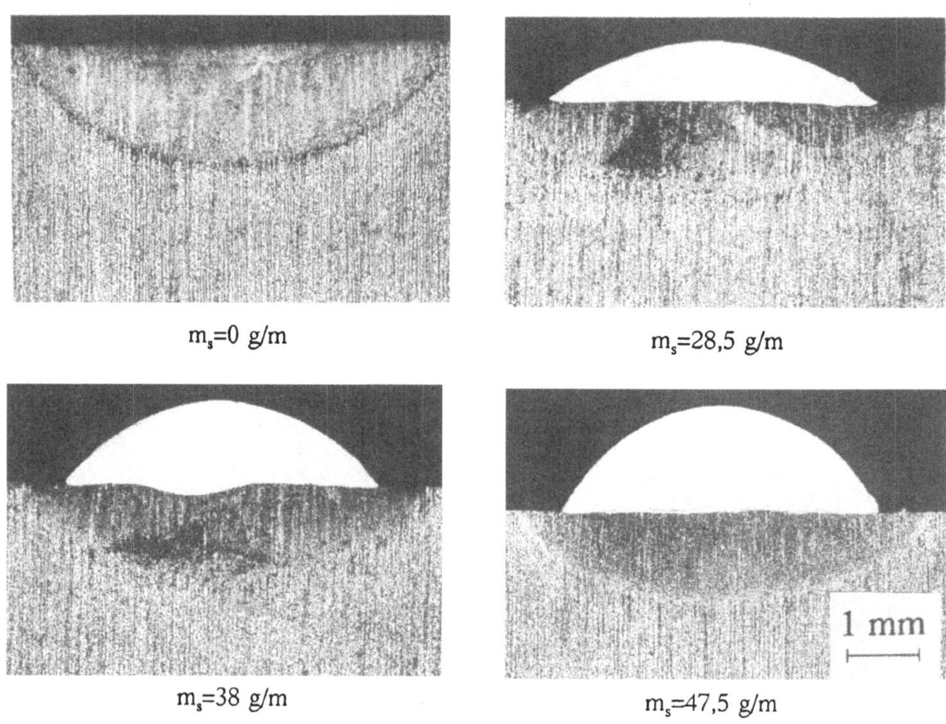

Bild 33   Aufnahmen der mit Stellit6 Pulver beschichteten Einzelspuren bei unterschiedlichen Streckenmassen (vgl. Bild 32).

Wie später in 6.3 noch gezeigt wird, liegt die für das Laserbeschichten geeignete Strahlintensität in einem gewissen Wertebereich. So können etwas niedrigere Intensitätswerte durch langsamere Geschwindigkeit kompensiert werden. Es stellt sich die Frage, welche Intensität für den Beschichtungsprozeß energetisch günstiger ist. Nachfolgend werden bei konstanter Laserleistung (P=3500 W) der Strahldurchmesser variiert, um den Einfluß der Strahlintensität auf die Energieeinkopplung zu verifizieren. Die Vorschubgeschwindigkeit wird so gewählt, daß die jeweilige Einschmelztiefe auf minimalem Niveau und das Breite/Höhe-Verhältnis der Schmelzbahnen konstant gehalten werden kann.

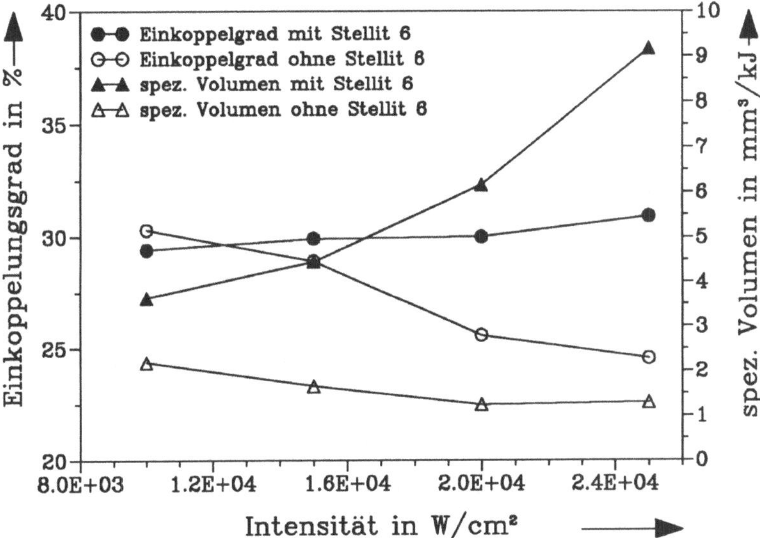

Bild 34   Einkopplungsgrad beim Beschichten in Abhängigkeit von der Strahlintensität, P=3500 W, Streckenmasse=38 g/m.

Die Ergebnisse der Messungen sind in Bild 34 dargestellt. Zum Vergleich werden sowohl der Einkopplungsgrad als auch das spezifische Volumen beim Umschmelzen mit den gleichen Parametern aufgetragen. Hierbei beträgt die Erhöhung des Einkopplungsgrads durch Pulverzufuhr von Stellit6 gegenüber reinem Umschmelzen maximal 25%. Die Zunahme des spezifischen Volumens ist dagegen von der Intensität stark abhängig. Bei einer Intensität von 10^4 W/cm² beträgt die Erhöhung ca. 70%. Sie steigt stetig mit der Intensität. Bei $2,5 \times 10^4$ W/cm² steigt sie auf knapp das Siebenfache. Es gilt daher, unter der Voraussetzung, daß die Beschichtungsqualität gewährleistet ist, die Strahlintensität aus energetischem Grund möglichst hoch zu wählen.

Nun soll geklärt werden, wie die Prozeßeffizienz beim Laserbeschichten von der maximal zur Verfügung stehenden Strahlleistung abhängt. Bei vorgegebenen Leistungswerten wurden Strahldurchmesser, Geschwindigkeit und Streckenmasse so gewählt, daß die Einzelbahnen der Beschichtungen jeweils die minimale Einschmelzung ins Substrat und einen ähnlichen Formquotienten (Spurbreite zu Spurhöhe) aufwiesen. Die Strahlintensität wurde mit 2×10^4 W/cm² konstant gehalten. In Tabelle 10 wird neben dem Einkopplungsgrad auch das spezifische

Tabelle 10   Vergleich der Einkopplungseffizienz beim Umschmelzen und Beschichten mit Stellit6 Pulver bei unterschiedlichen Laserleistungen.

Leistung [W]	Geschw. [m/min]	Einkopplungsgrad [%]		spezifisches Volumen [mm³/kJ]	
		Umschmelzen	Beschichten	Umschmelzen	Beschichten
1500	0,30	36	35	1,9	2,3
2100	0,40	29	30	2,2	3,0
2900	0,40	25	27	1,2	4,5
3500	0,40	25	30	1,2	6,2
4100	0,40	25	25	1,4	5,4

Volumen beim Beschichten aufgeführt. Zum Vergleich werden die Werte des Umschmelzens aufgezeigt. Obwohl mit steigender Laserleistung der Einkopplungsgrad beim Beschichten abnimmt, erhöht sich das spezifische Volumen erheblich. Der Grund dafür liegt vermutlich in der damit verbundenen Abnahme des $P_w/(A_e\,P)$-Verhältnisses (siehe 4.1.3). Demnach ist beim Beschichten die Laserleistung möglichst hoch einzustellen, damit eine höhere energetische Prozeßeffizienz erreicht wird.

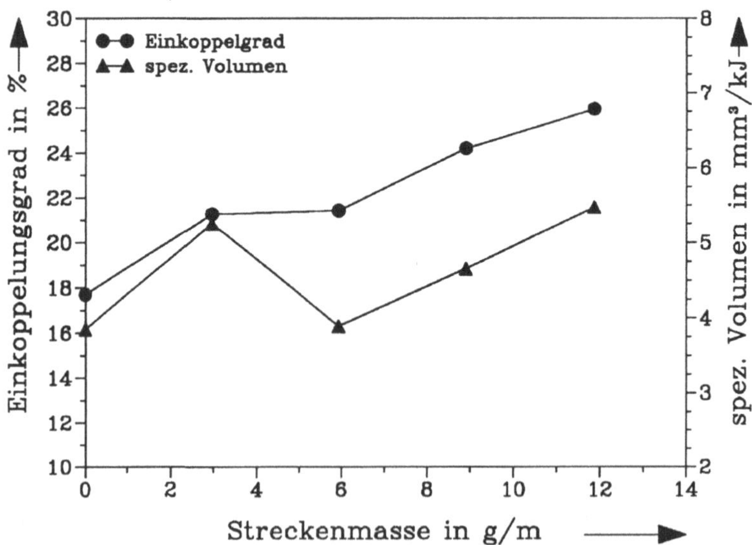

Bild 35   Einkopplungserhöhung in Abhängigkeit von der Streckenmasse beim Laserlegieren mit TiC-Pulver. P=3500 W, v=0,6 m/min, I=10⁵ W/cm².

<u>Steigerung der Prozeßeffizienz beim Legieren mit TiC-Pulver</u>
Für Laserlegieren ist eine höhere Strahlintensität notwendig als für Beschichten. Beim
Bestimmen der Prozeßeffizienz wurde die Intensität bei 10^5 W/cm^2 konstant gehalten. Bild 35
zeigt den Einkopplungsgrad und das spezifische Volumen als Funktion der Streckenmasse
beim Laserlegieren mit TiC-Pulver. Die entsprechenden Querschliffe sind in Bild 36 zu
sehen. Während der Einkopplungsgrad mit der Streckenmasse monoton um 44% ansteigt,
zeigt das spezifische Volumen im Streckenmassenbereich vor und nach 6 g/m unterschied-
liches Verhalten. Bei höherer Streckenmasse steigt das spezifische Volumen von 3,8 auf 5,5
mm^3/kJ, im Bereich niedrigerer Streckenmasse befindet sich ein Maximum. Somit ist die
Erhöhung der Prozeßeffizienz beim Laserlegieren mit TiC-Pulver etwas geringer als beim
Laserbeschichten mit Stellit6.

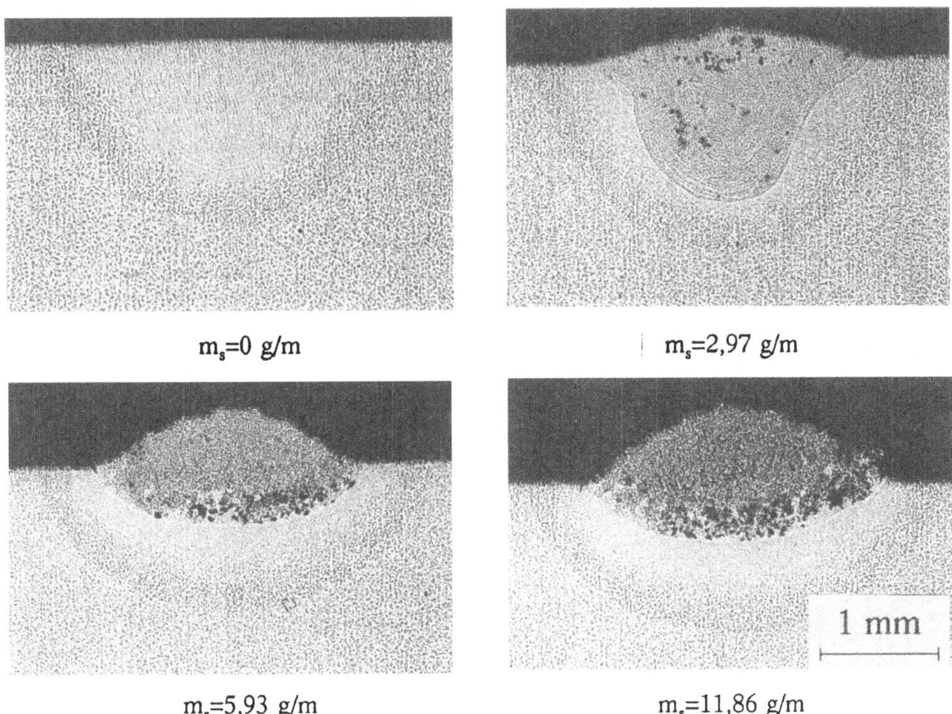

Bild 36   Aufnahmen der mit TiC-Pulver legierten Einzelspuren bei unterschiedlichen
Streckenmassen (vgl. Bild 35).

Auch hier ist zu vermuten, daß durch Verwendung von TiC-Pulver mehr Laserenergie im
Schmelzbad umgesetzt wird. Beim Laserlegieren, zumindest bei hoher Streckenmasse, kommt
ständig kaltes TiC-Pulver ins Schmelzbad. Dies setzt die Schmelzbadtemperatur und damit

auch den Temperaturgradienten herunter. Dadurch reduziert sich der Wärmeverlust. Eine andere mögliche Erklärung für die Erhöhung des spezifischen Volumens wäre, daß die durch Verbrennung des TiC-Pulvers frei gewordene Wärme zum Umschmelzen beiträgt. Insbesondere bei kleiner Streckenmasse ist der Abkühleffekt des Pulvers nicht ausgeprägt. Aufgrund dessen steigt die Schmelzbadtempertur durch die Verbrennung des Pulvers so stark an, daß die Entstehung einer Dampfkapillare ermöglicht wird. Dieser Effekt wird durch weitere Erhöhung der Streckenmasse unterdrückt. Bei großer Streckenmasse überwiegt die Abkühlwirkung.

Tabelle 11   Ein Vergleich der Erhöhung der Einkopplungseffizienz beim Legieren mit TiC und mit unterschiedlichen Laserleistungen.

Leistung [W]	Geschw. [m/min]	Einkopplungsgrad [%]		spezifisches Volumen [mm³/kJ]	
		Umschmelzen	Legieren	Umschmelzen	Legieren
1500	0,40	19,03	23,57	2,32	2,74
2000	0,60	18,16	23,01	2,82	3,49
3000	1,00	17,55	23,67	3,46	5,48
4000	1,20	15,63	22,74	3,36	5,97

Ähnlich dem Beschichten mit Stellit6-Pulver wird auch beim Legieren mit dem TiC-Pulver der Einkopplungsgrad und das spezifische Volumen bei unterschiedlichen Laserleistungen verglichen (Tabelle 11). Auch in diesem Fall stellt man einen Anstieg des spezifischen Volumens bei größeren Laserleistungen fest. Es ist daher ratsam, mit möglichst hoher Laserleistung zu legieren.

4.5.5 "Tiefschweißeffekt"

Die Einkopplung der Laserenergie ist stark von der Strahlintensität abhängig. Bild 3 stellt vereinfacht die Einkopplungsmechanismen abhängig von der Strahlintensität dar [11]. Bei hoher Laserintensität tritt der Tiefschweißeffekt auf. Wenn die Leistungs- und Energiedichte hoch genug ist, wird das Material im Strahlzentrum verdampft. Der Laserstrahl dringt in den durch die Verdampfung entstehenden Hohlraum ein. Abhängig von der Polarisationsrichtung zur Einfallsebene wird die Laserenergie an den schrägen Wänden stärker absorbiert, und der restliche Teil wird weiter in die Tiefe reflektiert. Durch diese Mehrfachreflexionen kann die Strahlenergie zum großen Teil ins Material eingekoppelt werden. Mit einer numerischen

Simulation hat Beck [94] einen Einkopplungsgrad größer als 90% bestimmt. Dieser stimmt mit den experimentell bestimmten Werten von Banas [95] überein. Kalla und Koautoren [96] berichteten ebenfalls über 85 bis 90% Einkopplungsgrad beim Blindschweißen von 10 bis 20 mm dicken Werkstücken.

Die kritische Intensität, bei der sich eine Dampfkapillare ausbildet, hängt vom Material und der Wellenlänge des Lasers ab. Wenn Stähle von einem CO_2-Laser bestrahlt werden, beträgt die kritische Intensität über 10^6 W/cm^2. Das bedeutet, daß der Laserstrahl stark gebündelt werden muß. Wird mit derart hohen Intensitätswerten auch beim Umschmelzen gearbeitet, so ist die Folge eine schmale aber sehr tiefe Spur beim einmaligen Überfahren. Dies entspricht nicht den üblichen Anforderungen bei der Oberflächenbehandlung. Diese Möglichkeit der Einkopplungserhöhung ist für das Beschichten, wo die Einschmelzung ins Substrat tunlichst vermieden werden soll, nicht anwendbar. Weiterhin macht die extrem hohe Temperatur in der Strahlmitte dieses Verfahren für das Laserdispergieren und für Werkstoffe mit niedrigem Verdampfungspunkt untauglich. Daher ist so ein Verfahren nur für das Legieren mit Lasern kleiner Leistungsklasse attraktiv.

4.5.6 Rückkoppelspiegel

Weerasinghe und Steen [28] haben einen kugelschalförmigen Rückkoppelspiegel entwickelt, um reflektierte Strahlen wieder auf einen Punkt vor oder in das Schmelzbad zu fokussieren. Dieses Verfahren hat den Nachteil, daß die Spiegeloberflächen ständig der Verschmutzung durch Dämpfe oder Flugpartikel ausgesetzt sind.

5 Pulverfördersysteme zur Laseroberflächenbehandlung

Da bei der Laseroberflächenbehandlung eine vom Laserstrahl erzeugte Schmelzzone sehr klein und die typische Wechselwirkungszeit zwischen Strahl und Material sehr kurz ist, sind hohe Anforderungen an ein Pulverfördersystem zu stellen. Im normalen Fall liegt die Schmelzzone in der Größenordnung des Strahldurchmessers. Werden beispielsweise für das Laserlegieren von Stahl die Prozeßparameter bei einer Intensität von 10^5 W/cm^2 und einer Geschwindigkeit von 0,6 m/min gewählt, so beträgt der Strahldurchmesser 2,5 mm und die Wechselwirkungszeit ca. 0,25 s. Der Pulverzusatz muß also in einer Fläche von ca. 5 mm^2 aufgebracht werden und bei einem pulsierenden Pulverstrom muß die Zeit zwischen zwei Pulsen deutlich kürzer als 0,25 s sein. Der Pulverstrom muß also räumlich und zeitlich konstant bleiben. Ein stark pulsierender Pulverstrom führt zu einer Schwankung der Pulveraufnahme des Schmelzbads. Bezogen auf ein kleines Schmelzvolumen hat dies eine relativ hohe Schwankung der Legierungszusammensetzung und auch der Eigenschaften der Legierungsschicht zur Folge. Deshalb müssen Pulverfördersysteme für Laserprozesse optimiert werden.

Der optimale Bereich des Pulvermassenstroms ist vom Anwendungsfall stark abhängig. Im Gegensatz zum Legieren besteht eine Auftragspur ausschließlich aus Zusatzmaterial, daher wird beim Beschichten ein höherer Pulvermassenstrom als beim Legieren benötigt. Bei großer Laserleistung und Vorschubgeschwindigkeit des Werkstücks ist der Pulvermassenstrom entsprechend hoch einzustellen. Die Anforderungen an ein Pulverfördersystem sind daher von der Prozeßart, der zur Verfügung stehenden Laserleistung und den verwendeten Werkstoffen abhängig. Desweiteren gibt es jedoch einige allgemeine Punkte zu beachten:

1) Eine sowohl räumliche als auch zeitliche Konstanz des Pulvermassenstroms ist zur Vermeidung von Schwankungen der Eigenschaften der bearbeiteten Schichten sicherzustellen.

2) Eine Anpaßmöglichkeit des Förderbereichs an die zur Verfügung stehende Laserleistung ist notwendig.

3) Die Geschwindigkeit der Pulverpartikel beim Auftreten auf dem Werkstück ist zur Vermeidung von Pulververlusten klein zu halten.

4) Zum Fördern kantiger Werkstoffe hoher Härte (z.B. Karbide) sind die Flächen der

Förderanlage, die mit Pulver in Berührung kommen, auf hohe Verschleißfestigkeit auszulegen.

5)   Die Förderung schwer fließfähiger Pulver muß möglich sein.

Im folgenden wird neben Pulverfördersystemen der Fa. Metco und des IWS-Dresden[3] ein Pulverförderer der Fa. Plasma-Technik schwerpunktmäßig untersucht.

5.1 Dosierprinzipien der Pulverfördersysteme

Schon Anfang der achtziger Jahre wurde ein einfaches Pulverdosierprinzip basierend auf der Schwerkraft des Pulvers für das Laserbeschichten vorgestellt [97]. Dabei hat der trichterförmige Pulvervorratsbehälter am unteren Auslauf Öffnungen unterschiedlicher Durchmesser angebracht, um den Pulvermassenstrom zu variieren. Das Dosierprinzip hat den Nachteil, daß der Pulvermassenstrom stark vom Füllstand und der Fließfähigkeit des Pulvers abhängt. Ein Konzept zur Verbesserung dieses Dosierprinzips wurde in [98] ausgearbeitet. Durch ein zweistufiges Dosieren und durch den Einsatz eines Rüttlers wird den Problemen der Füllstandsabhängigkeit der Förderrate und der Pulverstockung begegnet.

In der Oberflächenbehandlung mit Lasern finden auch Pulverförderer nach dem Schneckendosierprinzip Anwendung [30]. Dabei wird Pulver durch eine oder mehrere Schnecken mit Drehzahlregelung dosiert und in einen Auffangbehälter gebracht. Ein Gasstrom wird eingeleitet, um das Pulver zur Bearbeitungsstelle zu transportieren. Der große Nachteil dieser Förderer liegt darin, daß durch die Reibung der Pulverpartikel untereinander und deren Reibung an den Schneckenwänden der Pulverstrom zum Stocken neigt.

Aus diesen Gründen wird meist ein Dosierprinzip, basierend auf einer Drehscheibe, in der keine relative Bewegung zwischen Pulver und Bauteilen stattfindet, bevorzugt. Im folgenden wird das Dosierprinzip dreier gängiger Pulverförderer beschrieben.

---

[3] Dieser Pulverförderer wurde im Institut für Werkstoffphysik und Schichttechnologie der Fraunhofer-Gesellschaft in Dresden (IWS) speziell für die Laseroberflächenbehandlung entwickelt.

<u>Plasma-Technik-Pulverförderer</u>

Der Pulverförderer der Fa. Plasma-Technik AG, Typ Twin-10-C, ist in der Laseroberflächenbehandlung weit verbreitet. Er wurde ursprünglich für das Plasmabeschichten entwickelt und
ist daher für wesentlich höhere Pulvermassenströme und stärkere Gasströmungen ausgelegt
als für die Laseroberflächenbehandlung benötigt. Zur Erläuterung des Funktionsprinzips zeigt
Bild 37 eine schematische Darstellung des Pulverförderers. Aus dem Vorratsbehälter gelangt
das Pulver in eine Ringnut. Ein Abstreifer sorgt für die definierte Füllung der Ringnut. Die

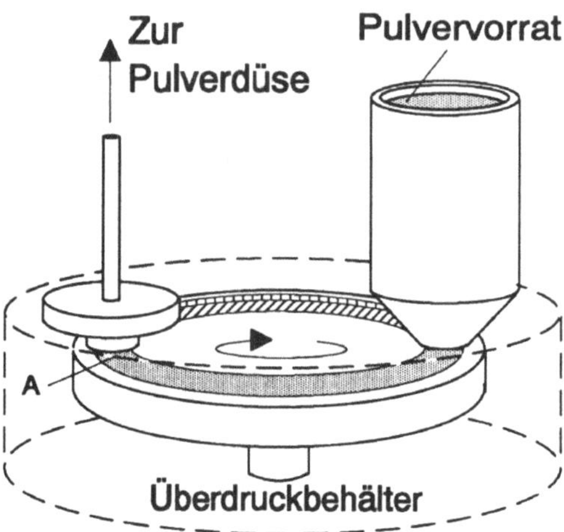

Bild 37   Schematische Darstellung eines Plasma-Technik-Pulverförderers. Das Buchstabe
A kennzeichnet die Stelle, wo abgesaugt wird.

Förderung des Pulvers erfolgt über die Rotation des Dosiertellers. Seine Geschwindigkeit
wird auf einen konstanten Wert geregelt, wobei die maximale Drehzahl 10 min^{-1} beträgt. Im
Vorratsbehälter und im Bereich des Dosiertellers herrscht ein Überdruck. Erreicht das Pulver
in der Ringnut die Absaugöffnung, wird es durch das Trägergas erfaßt und gelangt schließlich
als dosierter Pulver-Gas-Strom über eine Transportleitung zur Bearbeitungsstelle. Der Gasdruck und -durchfluß kann separat durch zwei Ventile variiert werden. Bei Argon läßt sich
der Gasstrom von 60 bis 450 l/h einstellen. Aufgrund der großen Abmessungen des Pulverförderers kann er im normalen Fall nicht an der Optikachse der Bearbeitungsmaschine aufgehängt werden. Der dosierte Pulver-Gas-Strom muß deshalb über einen langen Weg, teilweise
mit Steigungsstrecken, zur Bearbeitungsstelle geführt werden[4]. Hier zeigt sich, daß bei

---

[4] Es sind inzwischen vom Hersteller auch Ausführungen von Pulverförderern zu bekom-
men, die kleiner dimensioniert sind und einfach neben der Optik über die Bearbeitungsstelle aufgehängt werden können.

kleinem Gasdruck bzw. –durchfluß der Transport des Pulvers vom Pulverförderer zur Bearbeitungsstelle deutlich beeinträchtigt wird. Um einen einwandfreien Pulverstrom zu gewährleisten, muß der Gasdurchfluß mindestens 100 l/h betragen. Bei diesem Durchfluß besitzen aber die Pulverpartikel beim Erreichen der Bearbeitungsstelle eine derart hohe Geschwindigkeit, daß viele von ihnen am Schmelzbad vorbeifliegen.

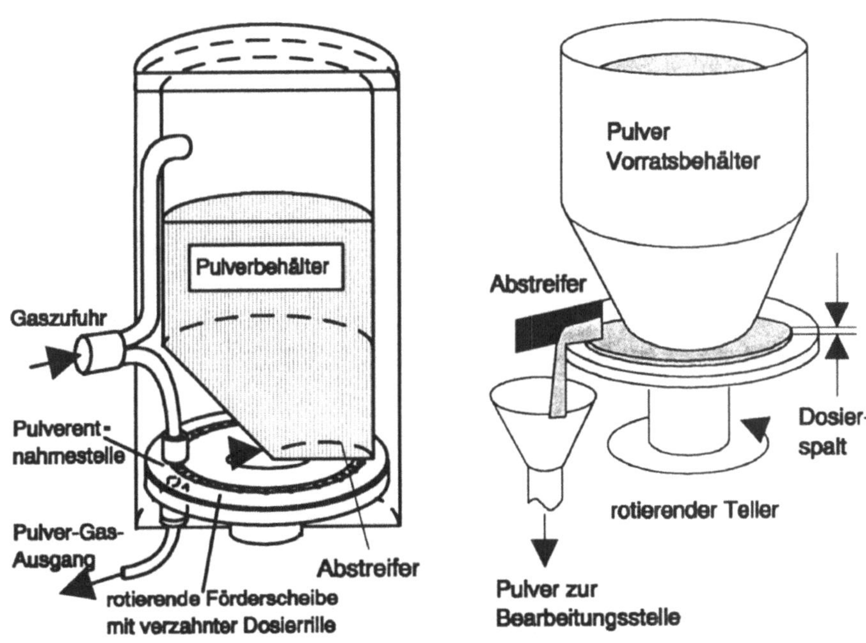

Bild 38 Skizze zur Veranschaulichung des Dosierprinzips der Metco-Pulverförderer.	**Bild 39** Schematische Darstellung zur Veranschaulichung des Förderprinzips des IWS-Pulverförderers.

Metco-Pulverförderer

Der Pulverförderer Typ MFP ist ein von der Fa. Metco neu entwickeltes Pulverfördersystem. Das Dosierverfahren beruht auf einer Ringnutförderung, wie es in Bild 38 schematisch dargestellt wird. Nach dem Einschalten wird zunächst im Behälter durch das Trägergas Druck aufgebaut. Ist der Behälterdruck erreicht, beginnt die Förderscheibe zu rotieren und Pulver wird gefördert. Das Pulver, das auf der Förderscheibe aufliegt, füllt deren verzahnte Dosierrille. Durch die Rotation der Förderscheibe auf einer feststehenden Platte wird das Pulver zur Entnahmestelle transportiert. Hier wird es mit dem Trägergas von oben durch eine Bohrung hindurch in den Förderschlauch geblasen. Das geförderte Pulver liegt somit ebenfalls in Form eines Pulver-Gas-Gemisches vor. Es besteht damit das gleiche Problem mit der hohen Partikelgeschwindigkeit, wie beim oben besprochenen Gerät. Seine Abmessungen sind von der gleichen Größenordnung wie die des Plasma-Technik-Pulverförderers.

<u>IWS-Pulverförderer</u>

Der IWS-Pulverförderer ist ein speziell für die Laseroberflächenbehandlung entwickeltes Pulverfördersystem, das in Bild 39 schematisch dargestellt ist. Das Dosierverfahren beruht auf dem Prinzip einer rotierenden Scheibe mit Abstreifer. Das Pulver fließt aus dem Vorratsbehälter über einen definiert einstellbaren Ringspalt auf die Förderscheibe. Die Förderscheibe ist über ein Getriebe mit einem Schrittmotor verbunden. Durch die Rotation der Förderscheibe breitet sich das Pulver in einer reproduzierbaren Dicke über die Platte aus. Ein Abstreifer am äußeren Rand der Platte leitet das Pulver in einen Trichter, durch den das Pulver den Förderschlauch erreicht. Ein Gasstrom mit geringem Durchfluß wird nur zur Dosierung eingesetzt. Auf ein Transportgas kann hier verzichtet werden.

5.2 Versuchsaufbau zur Untersuchung der Pulverfördersysteme

Für Laserbehandlungen sind die Aufweitung und die Gleichmäßigkeit des Pulverstroms sowie die Geschwindigkeit der Partikel von großer Bedeutung. Daher wurden diesbezügliche Untersuchungen mit dem Versuchsaufbau gemäß Bild 40 durchgeführt [99]. Auf einer Platte befand sich eine Bohrung, in die Einsätze verschiedener Größe als "Blende" angebracht waren. Unter der Blende befand sich ein Behälter auf einer elektrischen Waage, die mit einem PC verbunden war. Nach einer Analog-Digital-Umwandlung registrierte der Rechner die zeitliche Gewichtsänderung. Aus dem Zyklonabscheider[5], der sich mit Hilfe eines räumlich beweglichen Verschiebetisches relativ zur "Blende" justieren ließ, fiel ein Pulverstrom durch die Blende. Unter der Annahme, daß die runden "Blenden" dem Schmelzbad entsprachen, wurde ein Pulvernutzungsgrad für die Laserbehandlung definiert als Quotient aus dem durch die Blende fallenden Pulvermassenstrom bezogen auf den ohne Blende auf die Waage auftreffenden. Dies trifft in der Praxis nicht immer zu. Die Pulvernutzungsgrade werden unter anderem zusätzlich von der Strahlenergie bzw. der Schmelzbadtemperatur beeinflußt.

---

[5] Auf Zyklonabscheider wird in Kapitel 5.3.1 näher eingegangen.

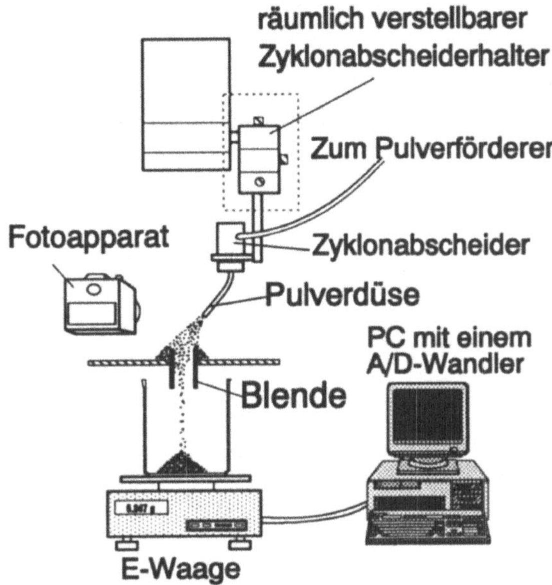

Bild 40   Der Versuchsaufbau zur Untersuchung der Pulverfördersysteme hinsichtlich der Geschwindigkeit, des Pulvernutzungsgrad sowie der Gas-Pulver-Separation.

Zur Untersuchung des Pulsierens des Pulverstroms wurden Aufnahmen mit einer Kodak-Hochgeschwindigkeitskamera (EktaPro 1000) mit maximaler Zeitauflösung von 1/6000 s durchgeführt. Damit läßt sich die Pulsationsperiode durch Aufzählen der dazwischen liegenden Bilder ermitteln.

Mit Hilfe eines Gasdurchflußmeßgerätes kann die Trennung von Pulver und Gas im Zyklonabscheider charakterisiert werden.

5.3 Stabilisierung des Pulverstromes

Der Pulverstrom aus dem zur Verfügung stehenden Plasma-Technik-Pulverförderer weist eine Pulsation auf. Mit Hilfe einer CCD-Kamera konnte ein pulsartiger Abtrag des Pulvers in der Ringnut unmittelbar vor der Entnahmestelle (Stelle A in Bild 37) beobachtet werden. Die Frequenz hängt in erster Linie von der Drehzahl des Dosiertellers ab. Bei einer Drehzahl von $0{,}2$ min^{-1} beträgt sie $1{,}3$ s^{-1}, bei $0{,}4$ min^{-1} steigt sie auf $2{,}8$ s^{-1}. Bei Drehzahlen höher als $0{,}6$ min^{-1} ist die Pulsation mit bloßem Auge nicht mehr zu erkennen. Die Abtragfrequenz ändert sich nicht mit variierendem Ringnutquerschnitt. Ferner läßt sich eine abnehmende

Abtragfrequenz mit steigendem Gasdurchfluß beobachten.

Aus dem vorangegangenen Abschnitt geht hervor, daß der dosierte Pulverstrom beim Plasma-Technik- und Metco-Pulverförderer mit einem hohen Gasdurchfluß verknüpft ist. Außerdem ist der Förderbereich mit der vorhandenen Ringnut (10x0,6 mm^2) für Anwendungen in dem untersuchten Leistungsbereich zu hoch: Mit einem 5 kW CO_2-Laser wird für das Laserbe-schichten eine Drehzahl des Dosiertellers bis zu 2,5 min^{-1} benötigt, also im ersten Viertel des Förderbereichs.

Hoher Gasdurchfluß und großer Pulvermassenstrom sind bei der Laseroberflächenbehandlung unerwünscht. Eine Verbesserung dieses Zustands wird durch den Einsatz eines Zyklon-abscheiders bzw. durch Modifikationen am Dosierteller erreicht, was im folgenden beschrieben wird.

5.3.1 Auslegung eines Zyklonabscheiders

Es wurde ein Zyklonabscheider speziell für Laseranwendungen entwickelt, der Pulver und Gas vor der Laserbearbeitungsstelle separiert. Zur Erläuterung seiner Funktions-weise zeigt Bild 41 eine schematische Dar-stellung. Der Zyklonabscheider besteht aus einem zylinderischen und einem konischen Teil. Seitlich befindet sich eine Bohrung, durch die ihm das Pulver-Gas-Gemisch aus dem Pulverförderer tangential zugeführt wird. Die Zufuhrdüse ist leicht geneigt. Dadurch macht das Gemisch durch die Überlappung von Zentrifugal- und Schwer-kraft eine Schraubbewegung im Abscheider. Ein großer Teil des Gases gelingt in die Mitte und schließlich durch die obere Öffnung des Gerätes nach außen. Das Pul-ver rotiert dagegen aufgrund seiner höheren Dichte an der Wand. Es gelangt schließlich mit einem kleinen Restteil des Gases durch

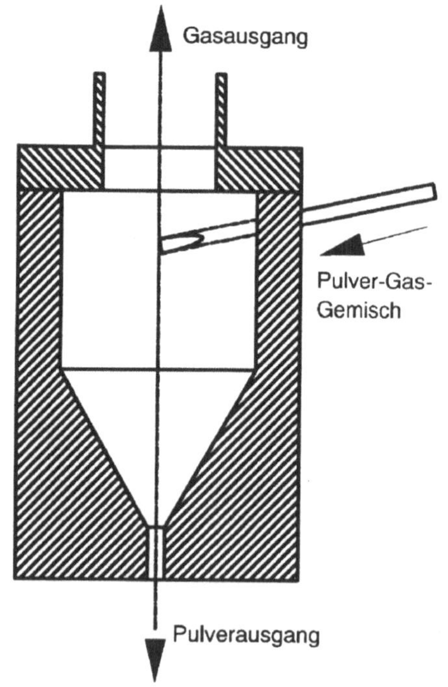

Bild 41   Schematische Darstellung eines Zyklonabscheiders.

die untere Öffnung zur Laserbearbeitungsstelle.

Um die Trennung von Gas und Pulver im Zyklonabscheider zu untersuchen, wird der Gasdurchfluß, der durch die obere Öffnung des Abscheiders entweicht, beim eingestellten Durchfluß und Pulvermassenstrom gemessen. Daraus kann der relative Gasdurchfluß, der als prozentualer Anteil des Gasdurchflusses, welcher mit dem Pulver die untere Öffnung des Abscheiders verläßt, definiert ist, nach

$$\dot{V}_{rel} = \frac{\dot{V}_{ges} - \dot{V}_{oben}}{\dot{V}_{ges}} \quad , \tag{22}$$

berechnet werden mit

- $\dot{V}_{rel}$: relativem Gasdurchfluß,
- $\dot{V}_{ges}$: dem am Pulverförderer eingestellten gesamten Gasdurchfluß und
- $\dot{V}_{oben}$: dem Gasdurchfluß, der durch die obere Öffnung entweicht.

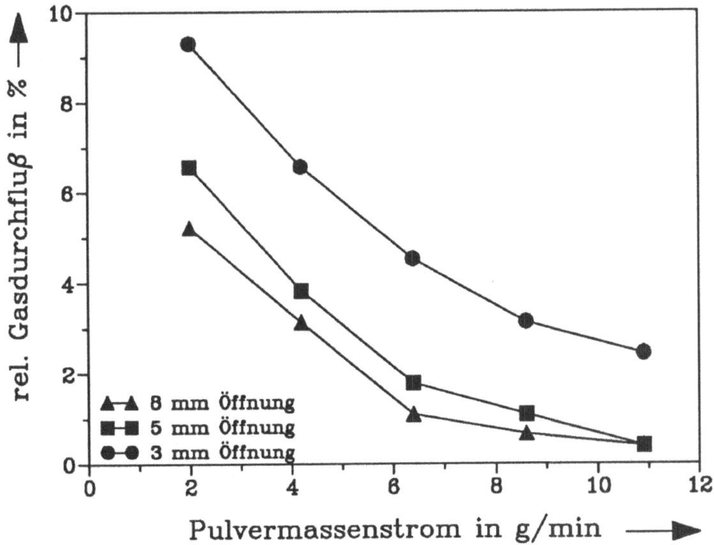

Bild 42 Reduzierung des Gasdurchflusses durch Einsatz eines Zyklons. Als Gasdurchfluß werden relative Werte bezüglich denen ohne Zyklon angegeben.

Die Untersuchungen zeigen, daß der relative Gasdurchfluß vorwiegend vom gesamten Gasdurchfluß, dem Pulvermassenstrom und der oberen Öffnung des Zyklonabscheiders abhängt. In Bild 42 werden diese Zusammenhänge dargestellt. Der relative Durchfluß nimmt mit dem

Pulvermassenstrom und der Öffnung des Zyklonabscheiders ab. Bei einer oberen Öffnung größer als 5 mm und einem Pulvermassenstrom ab 6 g/min liegt der relative Durchfluß unter 2%. Somit läßt sich mit Hilfe des Zyklonabscheiders eine erhebliche Reduzierung des Trägergases im Pulverstrom erzielen.

5.3.2 Dosierteller mit kleinerer Ringnut

Um den Förderbereich des Pulvermassenstroms an die Leistung anzupassen, wird der Querschnitt der Ringnut im Dosierteller verkleinert. Beispielsweise sollte der Pulvermassenstrom beim Laserlegieren vom WC/Co-Pulver mit einem CO_2-Laser (bei 2,5 kW) maximal 6 g/min

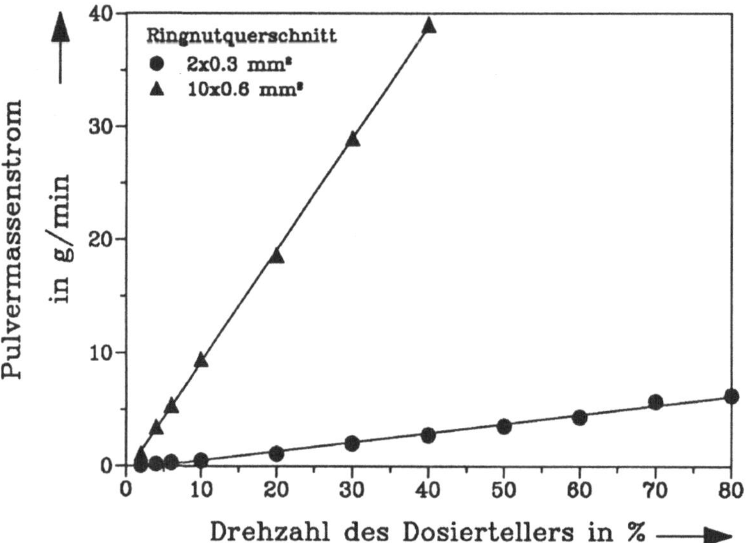

Bild 43   Vergleich des Pulvermassenstroms bei einer Ringnut von 10x0,6 mm² und 2x0,3 mm². Das Pulver ist WC/Co 88/12 mit einer Körnung von 45-90 μm.

betragen. In diesem Bereich ist die Pulsation des Pulverstroms beim Plasma-Technik-Pulverförderer besonders stark. Durch Verwendung einer kleineren Ringnut verschiebt sich der Pulverförderbereich zu niedrigeren Werten hin. Bild 43 zeigt den Vergleich des Förderbereichs einer kleinen Ringnut des Querschnitts 2x0,3 mm² mit dem der Standardringnut. Um einen Pulvermassenstrom von 6 g/min einzustellen, wird mit Hilfe dieses Dosiertellers eine 10-fache Erweiterung des Drehzahlbereiches erreicht und damit eine höhere Fördergenauigkeit erzielt (Vergleich 5.4.1).

5.4 Untersuchungen zur Pulverstromqualität

Die Untersuchungen zur Pulverstromqualität wurden bei allen zur Verfügung stehenden Pulverfördersystemen durchgeführt. Infolge seiner kleinen Abmessungen ($195 \times 268 \times 340$ mm^3) kann der IWS-Pulverförderer neben der Optik über der Bearbeitungsstelle befestigt werden. Das Pulver rieselt von oben nach unten. In den nachfolgenden Untersuchungen wird daher bei diesem Förderer auf den Einsatz des Zyklonabscheiders verzichtet. Bei den anderen beiden Pulverförderern wurde der Zyklonabscheider eingesetzt.

5.4.1 Pulsationsverhalten

<u>Plasma-Technik-Pulverförderer</u>
Gemäß der Ausführung in 5.3.1 und des in Bild 40 gezeigten Versuchsaufbaus wird die Pulsationsfrequenz des Pulverstroms bestimmt. Die Ergebnisse für den Plasma-Technik-Pulverförderer sind der Tabelle 12 zu entnehmen.

Tabelle 12 Die Pulsationsfrequenz in Abhängigkeit des Gasdurchflusses und der Drehzahl des Dosiertellers beim Plasma-Technik-Pulverförderer. Die Öffnung des Zyklons betrug 8 mm.

Drehzahl des Dosiertellers in min^{-1}	Pulsationsfrequenz in s^{-1} beim Gasdurchfluß von			
	100 l/h	160 l/h	230 l/h	330 l/h
0,2	20	20	1,7[a]	3,8[a]
0,4	20	25	3,7[a]	6,25[a]
0,6	25	25	4,8	5,9[a]

[a]: Der Pulverstrom wird zeitweise sichtbar unterbrochen.

Es fällt eine starke Pulsation des Pulverstroms am Austritt des Zyklonabscheiders, insbesonders im Bereich kleiner Drehzahl des Dosiertellers und hoher Gasdurchflüsse, auf. Bei kleinen Durchflüssen (<230 l/h) beträgt die Pulsationsfrequenz des Pulverstroms über 20 s^{-1}. Der Pulverstrom erscheint visuell nicht als pulsierend. Bei Berücksichtigung der kurzen Wechselwirkungszeit werden die Laserbehandlungsergebnisse dadurch nicht beeinträchtigt. Über der Grenze von 230 l/h nimmt die Pulsationsfrequenz des Pulverstroms so stark ab, daß der Pulverstrom zeitweise sichtbar unterbrochen wird. Das Auftreten der Pulsation bei hohem Gasdurchfluß legt eine obere Grenze des Gasdurchflusses des Pulverförderers fest. Die untere Grenze des Gasdurchflusses wird durch die Mindestkräfte zum Absaugen und Transport bestimmt.

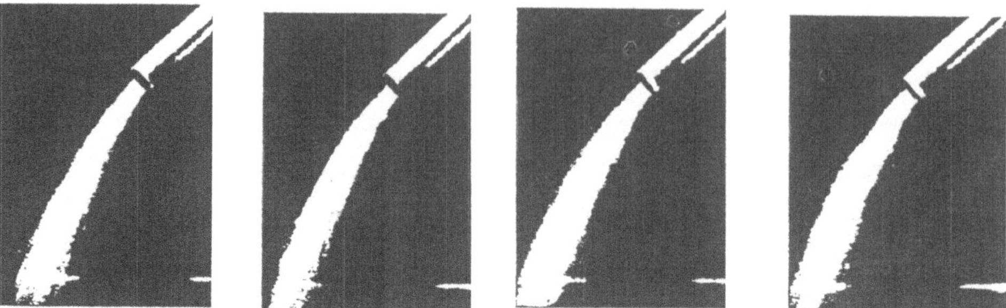

Bild 44   Pulverstromaufnahme bei einer Förderscheibendrehzahl von 0,6 min^{-1} und Gasdurchfluß von 100 l/h. Der Zeitabstand zwischen zwei Bildern beträgt 32 ms.

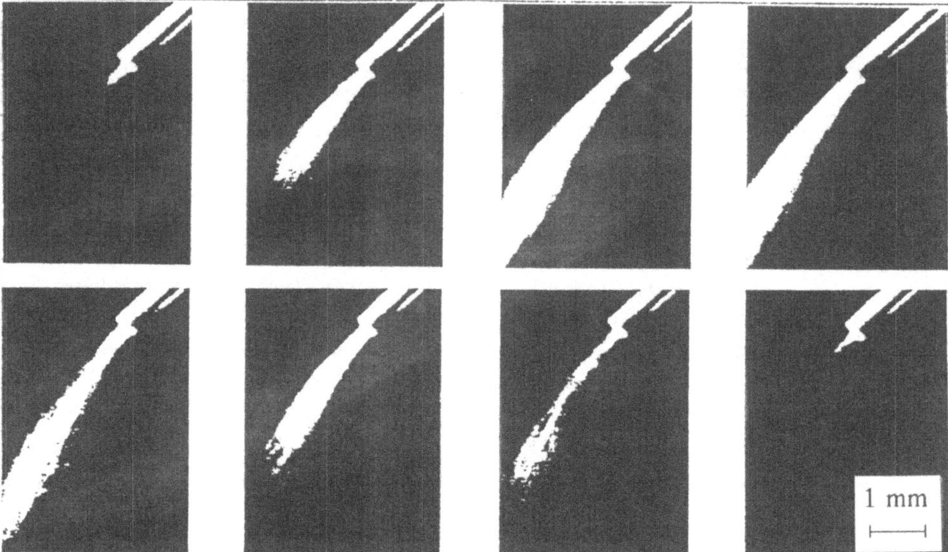

Bild 45   Pulverstromaufnahmen bei einer Förderscheibendrehzahl von 0,6 min^{-1} und einem Gasdurchfluß von 330 l/h. Der Zeitabstand zwischen zwei Bildern beträgt 32 ms.

Zum Vergleich wird in Bild 44 und Bild 45 jeweils eine Serie von Aufnahmen gezeigt. Der zeitliche Abstand zwischen zwei Bildern beträgt 32 ms. In beiden Fällen wurde die Drehzahl des Dosiertellers bei 0,6 min^{-1} und die obere Öffnung des Zyklonabscheiders bei 8 mm konstant gehalten. Bei einem Gasdurchfluß von 100 l/h ist der Pulverstrom gleichmäßig (Bild 44), ab 330 l/h wird er stark pulsierend (Bild 45).

Zwischen der Pulsation des Pulverstroms und der Abtragschwankung an der Entnahmestelle im Pulverförderer läßt sich kein Zusammenhang herstellen. Die Abnahmeschwankungen werden möglicherweise in der Transportleitung oder im Zyklonabscheider geglättet und ausgeglichen.

Metco-Pulverförderer

Die Pulsationsfrequenz des Pulverstroms beim Metco-Pulverförderer ist in Tabelle 13 in Abhängigkeit vom Gasdurchfluß und der Förderscheibendrehzahl zusammengestellt. Bei einem Gasdurchfluß kleiner als 240 l/h ist die Pulsationsfrequenz mit blossem Auge nicht aufzulösen. Übersteigt der Gasdurchfluß 240 l/h, wird die Pulsation des Pulverstroms deutlich. Ein Vergleich von Tabelle 12 mit Tabelle 13 weist auf eine geringfügige Verbesserung bezüglich der Pulsationsfrequenz beim Metco-Pulverförderer hin. Die Abhängigkeit vom Gasdurchfluß in beiden Förderern ist weitgehend gleich.

Tabelle 13 Die Pulsationsfrequenz in Abhängigkeit des Gasdurchflusses und der Förderscheibendrehzahl beim Metco-Pulverförderer. Die Öffnung des Zyklons war 8 mm.

Drehzahl des Dosiertellers in min^{-1}	Pulsationsfrequenz in s^{-1} beim Gasdurchfluß von			
	120 l/h	180 l/h	240 l/h	300 l/h
0,5	25	20	3[a]	4,3[a]
1,0	16,7	20	5	5,5
1,5	20	20	3,8	9

[a]: Der Pulverstrom ist zeitlich sichtbar unterbrochen.

IWS-Dresden-Pulverförderer

Im Gegensatz zu den beiden oben genannten Förderern kann beim IWS-Pulverförderer keine Pulsation des Pulverstroms mit der Hochgeschwindigkeitskamera nachgewiesen werden.

5.4.2 Pulvernutzungsgrad

Plasma-Technik-Pulverförderer

Der Pulverstrom aus der Düse ist divergent (siehe beispielsweise Bild 44 und Bild 45). Ohne Zyklonabscheider ist nicht nur die Partikelgeschwindigkeit sondern auch der Divergenzwinkel größer. Beim Einsatz eines Zyklonabscheiders wird die Partikelgeschwindigkeit von einigen 10 m/sec auf kleiner als 1 m/sec reduziert [100]. Der Pulvernutzungsgrad steigt dementsprechend. Bild 46 zeigt den Pulvernutzungsgrad als Funktion des Blendendurchmessers bei einer oberen Öffnung des Zyklonabscheiders von 3 mm. Der Pulvermassenstrom hat nur einen unwesentlichen Einfluß auf dem Nutzungsgrad. Lediglich bei 2,9 g/min zeigt sich eine Abweichung, die sich mit dem hohen relativen Gasdurchfluß und somit höherer Divergenz des Pulverstroms erklären läßt (Bild 42). Bei einem Blendendurchmesser von 8 mm beträgt der Pulvernutzungsgrad fast 100 %. Ein ähnliches Verhalten ist bei der Öffnung des Zyklonabscheiders von 8 mm zu beobachten (Bild 47). Im Gegensatz zu Bild 46 kann hierbei der Einfluß des Pulvermassenstroms auch bei kleinen Werten vernachlässigt werden.

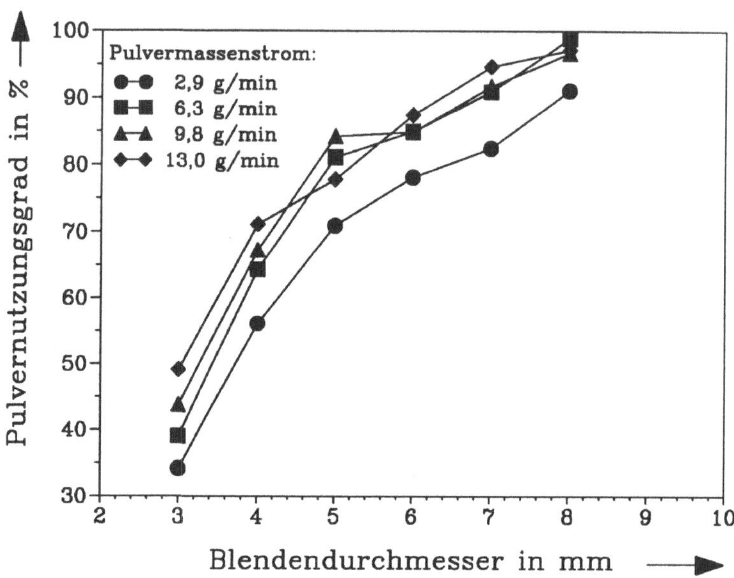

Bild 46   Pulvernutzungsgrad als Funktion des Blendendurchmessers bei einer oberen Öffnung des Zyklonabscheiders von 3 mm.

Metco-Pulverförderer

Bei Messungen des Pulvernutzungsgrads ergeben sich höhere Werte als beim Plasma-Technik-Pulverförderer. Bild 48 zeigt beispielhaft den Pulvernutzungsgrad in Abhängigkeit vom Blendendurchmesser bei einer oberen Öffnung des Zyklonabscheiders von 3 mm.

IWS-Pulverförderer

Aus Bild 49 ist ersichtlich, daß mit diesem Gerät der höchste Pulvernutzungsgrad erreicht wird. Im Gegensatz zu den anderen vorgestellten Systemen steigt der Nutzungsgrad mit dem Pulvermassenstrom. Durch Verwendung einer kleineren Düse (Durchmesser 1,0 mm) läßt sich der Nutzungsgrad noch weiter erhöhen (Bild 50). Eine Pulsation des Pulverstroms wird hier nicht beobachtet.

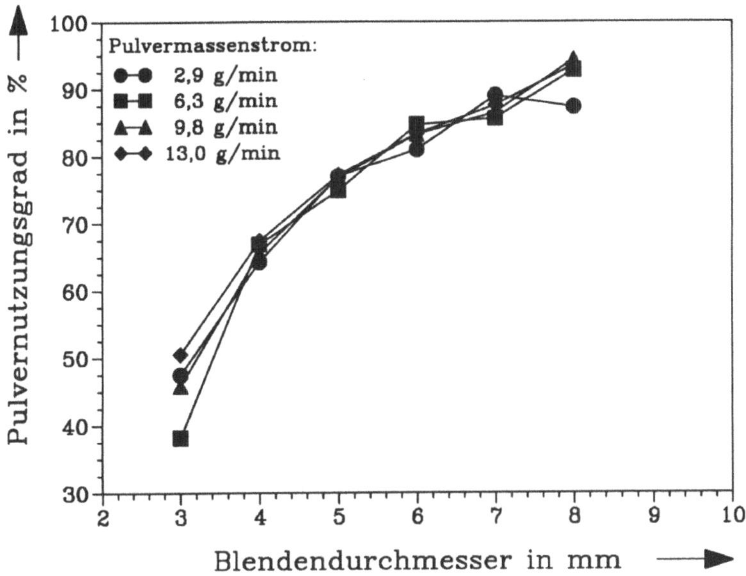

Bild 47 Pulvernutzungsgrad als Funktion des Blendendurchmessers bei einer oberen Öffnung des Zyklonabscheiders von 8 mm.

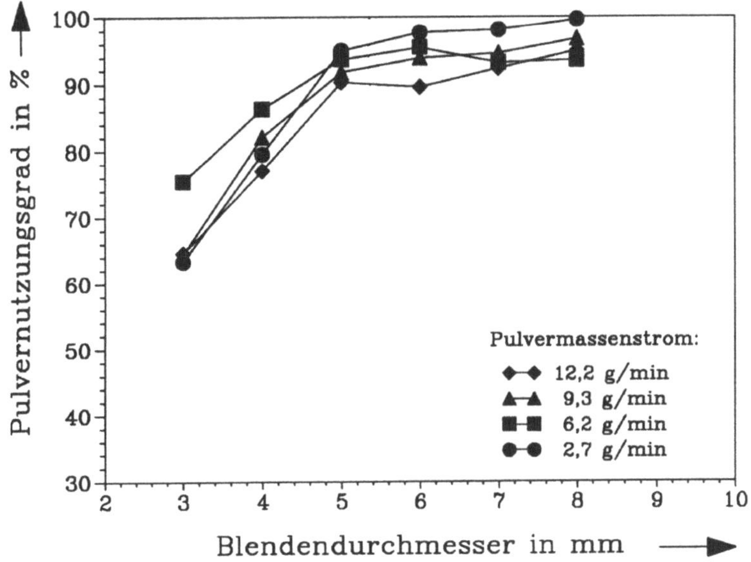

Bild 48 Pulvernutzungsgrad des Metco-Pulverförderers als Funktion des Blendendurchmessers bei der Zyklonöffnung von 3 mm.

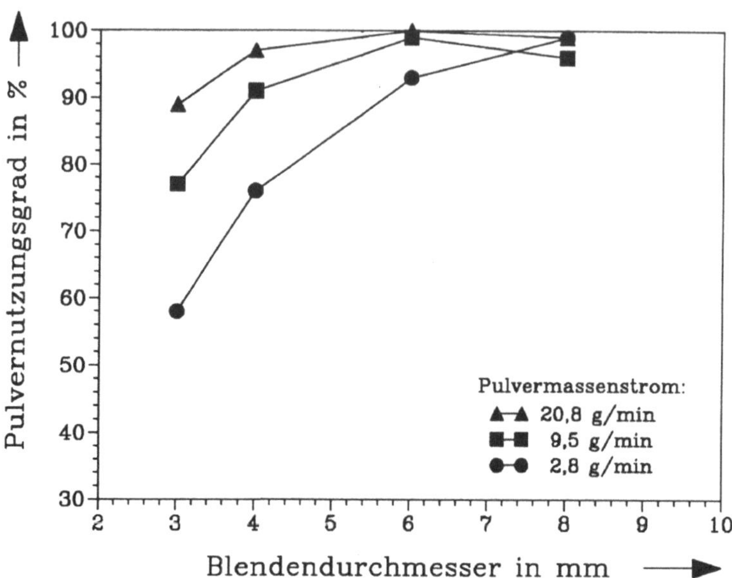

Bild 49   Pulvernutzungsgrad in Abhängigkeit vom Blendendurchmesser beim IWS-Pulverförderer.

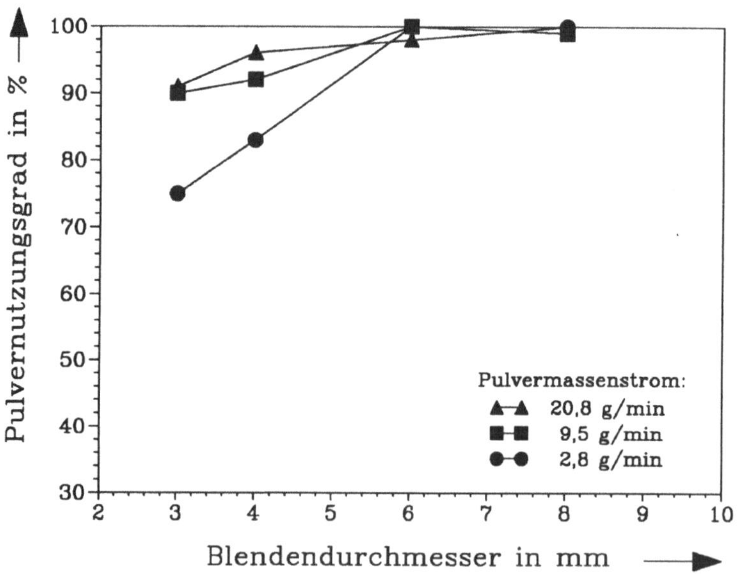

Bild 50   Pulvernutzungsgrad in Abhängigkeit vom Blendendurchmesser beim IWS-Pulverförderer. Der Durchmesser der eingesetzten Düse beträgt 1,0 mm.

6 Laserbehandlung bei gleichzeitiger Pulverzufuhr

In den beiden vorigen Kapiteln wurden das Einkopplungsverhalten und die Pulverzufuhrsysteme untersucht. Dieses Kapitel beschäftigt sich mit den Verfahren des Laserbeschichtens,
−legierens und -dispergierens von Einsatzstahl 16MnCrS5. Bevor auf die Experimente der
Laserbehandlung eingegangen wird, werden zunächst einige grundlegende Überlegungen zu
diesen Prozessen sowie deren Einflußgrößen auf die Bearbeitungsergebnisse gemacht.

6.1 Beschreibung der Prozesse

6.1.1 Prozeßparameter

Die Bearbeitungsergebnisse werden von einer Vielzahl von Parametern beeinflußt, welche
sich im wesentlichen in drei Gruppen unterteilen lassen (Tabelle 14): nämlich die Parameter
der Strahlquelle, der Bearbeitungsmaschine und der Werkstoffe. Diese Parametervielfalt kann
in vielen Fällen durch ein festgelegtes Werkstoffsystem, durch die gewählte Versuchs-
einrichtung und Vorgehensweise auf vier primär an Maschinen einzustellende Parameter
reduziert werden: Laserleistung P, Strahldurchmesser d_L, Pulvermassenstrom $\dot{m}_p$ und
Vorschubgeschwindigkeit des Werkstücks v.

Die Wirkung dieser Parameter ist äußerst komplex. Zur besseren Darstellung der Versuchsergebnisse werden sinnvollerweise die abgeleiteten Parameter herangezogen, die in Tabelle 15
aufgelistet sind.

Die Strahlintensität ist ein geläufiger und wichtiger Parameter bei der Lasermaterialbearbeitung. Für jedes Laserbearbeitungsverfahren gibt es einen typischen Intensitätsbereich (s.
2.1.2). Bei Laserumwandlungshärten ist eine niedrige Intensität und eine breite Bestrahlung
notwendig, während beim Laserschneiden bzw. Schweißen eine hoch konzentrierte Energiezufuhr benötigt wird. Typische Intensitätswerte für das Laserbeschichten liegen im Bereich
zwischen 5×10^3 und 5×10^4 W/cm^2. Fürs Laserlegieren liegt der Intensitätsbereich um den
Faktor 10 höher.

Tabelle 14   Einflußfaktoren auf die Bearbeitungsergebnisse bei Laseroberflächenbehandlungen mit gleichzeitiger Pulverzufuhr.

Strahlquelle	Bearbeitungsmaschinen	Werkstoffe
- Laserleistung; - Strahlqualität; - Lasermode; - Strahldurchmesser; - Strahlintensität; - Polarisation; - Wellenlänge; - Betriebsart; - ...	- Leistungssteuerung; - Strahlformung; - Vorschub; - Pulvermassenstrom; - Düsenform, -größe; - Zufuhrrichtung; - Abstand zur Laserspot; - Schutzgas; - Wärmeableitung; - Versatz beim Überlappen; - ...	- Absorptionsgrad; - Oberflächenbeschaffenheiten; - Schmelztemperatur; - Verdampfungstemperatur; - Viskosität der Schmelze; - Masse und Dichte; - Wärmeleitfähigkeit; - Fließ- und Bruchgrenze; - Sprödigkeit; - Wärmeausdehnungen; - Martensitumwandlung, M_S; - Reaktionsfähigkeit mit O_2; - ...

Tabelle 15   Definitionen und physikalische Bedeutungen der abgeleiteten Prozeßparameter bei der Laseroberflächenhandlung.

Bezeichnung	Definition	Physikalische Bedeutungen
Strahlintensität [W/cm^2]	$\dfrac{P}{\frac{\pi}{4}\, d_L^2}$	Leistungsdichte
Energiedichte des Strahls [J/mm^2]	$\dfrac{P}{v\, d_L}$	Energie je Flächeneinheit
Pulverstreckenmasse [g/m]	$\dfrac{\dot{m}_P}{v}$	Pulvermasse je Flächeneinheit
Pulverzufuhrdichte [g/mm^2]	$\dfrac{\dot{m}_P}{v\, d_L}$	ähnlich der Energiedichte stellt dieser Parameter die pro Bestrahlungsfläche aufgebrachte Pulvermenge dar
auf die Energie dichte bez. Streckenmasse [g*mm/J]	$\dfrac{\dot{m}_P}{P/d_L}$	Pulvermasse pro auf den Strahldurchmesser bezogener Energie

Beim Laserschweißen arbeitet man in der Regel im Fokus, so daß der Strahldurchmesser auf der Probenebene konstant ist. Um den Prozeß darzustellen führt man den Begriff Streckenenergie (P/v) ein, welche die eingesetzte Strahlenergie über dem Vorschubweg bedeutet. Bei der Laseroberflächenbehandlung wird die Bestrahlungsbreite in einem großen Bereich variiert. Daher ist es hierbei sinnvoller, statt der Streckenenergie die Energiedichte (Tabelle 15) zu verwenden.

In Analogie zur Streckenenergie und Energiedichte ist die Pulverzufuhrmenge auch auf den bestrahlten Weg bzw. die bestrahlte Fläche zu beziehen. Man erhält die Streckenmasse und Pulverzufuhrdichte.

Für die Bearbeitungsprozesse mit Zusatzwerkstoffen ist es von großer Bedeutung, das richtige Verhältnis zwischen der Strahlenergie und der zugeführten Pulvermenge zu erhalten. Der letzte Parameter in Tabelle 15 beschreibt dieses Verhältnis.

Bei Überlappungen ist neben den oben genannten vier primären Parametern noch der Versatz Δy zwischen zwei nebeneinander gelegten Einzelspuren zu berücksichtigen (Bild 51). Aus diesem Versatz und der Spurbreite b läßt sich der Überlappungsgrad δ bestimmen:

$$\delta = 1 - \frac{\Delta y}{b} \ . \tag{23}$$

6.1.2 Geometrische Kenngrößen der Bearbeitungsergebnisse

Als Bearbeitungsergebnisse zählen nicht nur die geometrische Form der Bearbeitungsspuren, sondern auch das Gefüge, die mechanischen und physikalischen Eigenschaften der Schichten sowie die Oberflächenqualität. Dieser Abschnitt ist nur auf geometrische Kenngrößen der Bearbeitungsspuren beschränkt.

Die geometrischen Kenngrößen der Bearbeitungsspuren werden gemäß Bild 51 definiert. Für Einzelspuren sind diese: die Spurbreite b, die Spurhöhe h, die Schichtdicke s, die Einschmelztiefe t=s-h, der Querschnitt einer Spur über der Probenoberfläche F_1 und der gesamte Querschnitt F einschließlich des ins Substrat eingeschmolzenen Teils.

Es sind noch zwei weitere daraus abgeleitete Größen von Interesse: das Formverhältnis b/h und die relative Einschmelztiefe t/s. Die letztere gibt an, wieviel Substratmaterial in die Bearbeitungsschicht aufgemischt wird. Sie ist - obwohl rein geometrisch definiert - ein

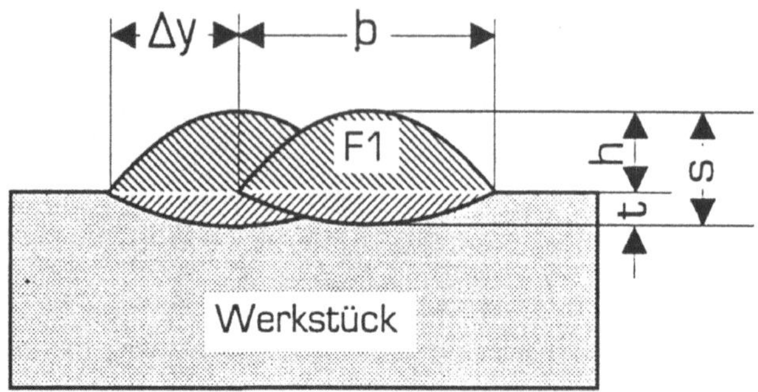

b: Spurbreite   h: Spurhöhe
s: Schichtdicke   t: Einschmelztiefe
F: gesamter Spur-   F1: Querschnitt über der
    Querschnitt   Probenoberfläche

Bild 51   Eine Skizze zur Definition der geometrischen Größen der Bearbeitungsspuren.

wichtiges Qualitätskennzeichen der Beschichtungsprozesse.

Zur Darstellung der Bearbeitungsgeschwindigkeit ist es sinnvoll, eine Beschichtungsrate gemäß

$$\dot{V} = \frac{\Delta V}{\Delta t} = F\,v \tag{24}$$

anzugeben, wobei ΔV das innerhalb eines Zeitraums Δt bearbeitete Volumen ist. Wenn der gesamte Querschnitt F in Formel (24) durch den Querschnitt F_1 ersetzt wird, erhält man eine Auftragsvolumengeschwindigkeit (F_1 v) aus Zusatzwerkstoffen. Sie ist proportional zur Gewichtszunahme beim Beschichten.

6.1.3 Energiebilanz bei der Laserbehandlung

Ähnlich wie in Abschnitt 4.1.2 läßt sich eine Energiebilanz für die Laseroberflächen-behandlung bei gleichzeitiger Pulverzufuhr erstellen, die in Bild 52 schematisch dargestellt wird. Die Schmelzspuren bestehen im allgemeinen aus Zusatz- und Substratmaterial. Wenn die spezifische Schmelzenthalpie h_p, spezifische Wärmekapazität c_p und Schmelztemperatur T_{PS} des Pulvers bekannt sind, kann man den Leistungsanteil P_{Pulver} bestimmen. Auf gleiche Weise läßt sich der Leistungsanteil $P_{Substrat}$ errechnen.

Beim Beschichten wird angestrebt, die Einschmelzung ins Substratmaterial möglichst zu ver-

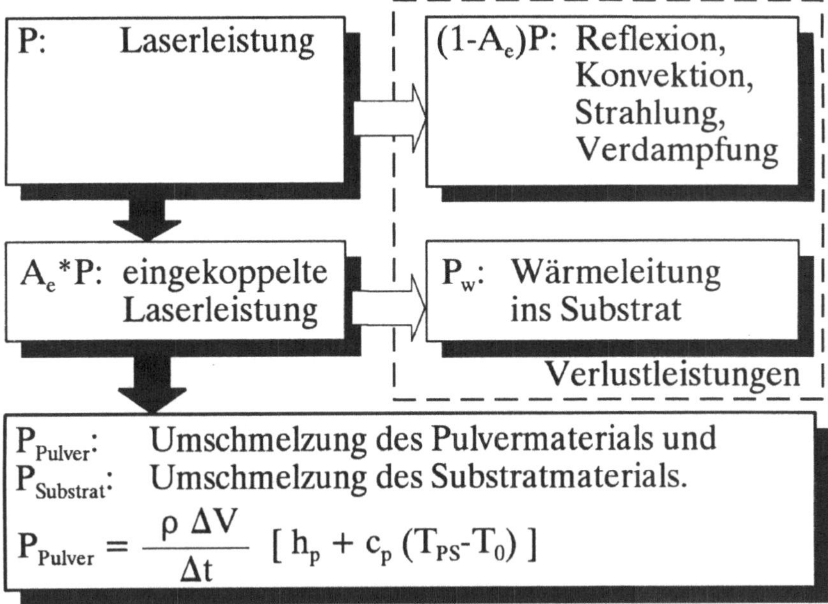

Bild 52 Schematische Darstellung der Energiebilanz eines Laseroberflächenbehandlungsprozesses, T_{PS} ist die Schmelztemperatur des Pulvers, A_e der Einkopplungsgrad.

meiden. Vernachlässigt man den Anteil $P_{Substrat}$, was beim Beschichten zulässig ist, erhält man die Beschichtungsrate

$$\dot{V} = F\,v = \frac{A_e\,P - P_w}{\varrho\,[\,h_p + c_p\,(T_{PS}-T_0)\,]} \tag{25}$$

mit der Ausgangstemperatur des Pulvers T_0.

6.2 Versuchsbeschreibung

Der Grundwerkstoff für die folgenden Laserbehandlungen bildet der niedrig gekohlte Einsatzstahl 16MnCrS5 (Seite 45). Er ist ein preiswerter und in der Industrie sehr häufig eingesetzter Stahl. Bauteile aus diesem Stahl werden normalerweise einsatzgehärtet. Dies ist mit einer großen Wärmezufuhr verbunden. Die Laseroberflächenbehandlung bietet hierzu eine Alternative mit dem Vorteil der geringeren Wärmebelastung für die Bauteile.

Die Proben aus 16MnCrS5 wurden als Blöcke der Abmessungen 36x40x60 mm^3 angefertigt. Sie waren geschliffen, so daß eine reproduzierbare Oberflächenbeschaffenheit bei den Versuchen vorlag. Als Zusatzwerkstoffe dienten die Kobaltbasislegierung Stellit21, Graphit, Wolframkarbid und Mischungen aus WC- und NiCrBSi-Pulvern. Auf die Zusatzwerkstoffe wird später an der jeweiligen Stelle noch näher eingegangen.

6.2.1 Versuchseinrichtungen

Es wurde ein CO_2-Laser der Fa. Trumpf mit einer maximalen Ausgangsleistung von 5 kW für die Versuche eingesetzt. Der Laserstrahl wurde durch ein flexibles Strahlführungssystem zur Arbeitsstation geführt [101]. Bild 53 stellt den experimentellen Aufbau an dieser Station schematisch dar. Zum Fokussieren des Laserstrahls kam ein Paraboloid-Kupferspiegel mit einer Brennweite von 300 mm zum Einsatz. Der Eingangsstrahldurchmesser in der Optik lag bei 28 mm. Der Probenvorschub erfolgte durch eine numerisch gesteuerte Vierachsen-CNC-Maschine der Fa. Hüttinger. Das verwendete Pulverfördersystem bestand aus einem Pulverförderer der Fa. Plasma-Technik und einem nach den Ergebnissen von 5.3.1 gebauten Zyklonabscheider. Die Justierung der Pulverdüse relativ zum Laserspot wurde mit Hilfe eines räumlich verstellbaren Zyklonhalters realisiert.

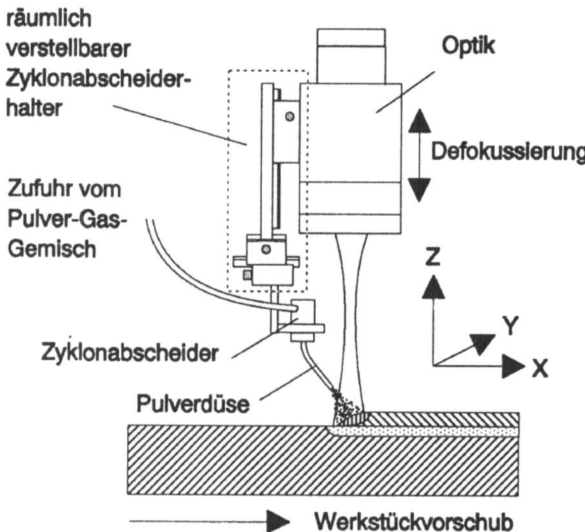

Bild 53   Schematische Darstellung des Aufbaus für Laserbeschichten, -legieren und –dispergieren bei gleichzeitiger Pulverzufuhr.

Als Trägergas zur Förderung des Pulvers diente Argon. Aus den Untersuchungen mit dem Pulverfördersystem ergaben sich optimierte Einstellparameter bezüglich des Gasdrucks und des Gasdurchflusses am Pulverförderer. Der optimale Gasdruck betrug 2 bar bei einem Gasdurchfluß von 160 l/h. Durch das Trennen von Gas und Pulver gelangte nur ein Bruchteil des Trägergases mit dem Pulver an die Bearbeitungsstelle. Aufgrund der geringen Menge des

Argongases konnte die Oxidation der Werkstückoberfläche während des Prozesses nicht verhindert werden. Die Pulverdüse wurde entsprechend einer schleppenden Anordnung (Bild 53, Definition auf Seite 27) unter einem Winkel von 55° zur Strahlachse ins Schmelzbad gerichtet. Der Abstand zwischen Pulverdüse und der Laserbearbeitungsstelle wurde mit 13 mm konstant gehalten. Zur Verringerung der Erwärmung der Proben während der Bearbeitung wurden diese auf einen mit Wasser gekühlten Aluminium-Block befestigt.

6.2.2 Vorbereitende Messungen

Mit der hier vorgestellten Versuchsanordnung betrug die maximale Leistung am Werkstück ca. 4000 W. Ein Ergebnis der Untersuchungen zum Einkopplungsverhalten beim Laserbeschichten und −legieren besteht darin, die Laserleistung zum Erreichen einer hohen Prozeßeffizienz möglichst hoch zu wählen. Zum Ausgleich auftretender Schwankungen der Laserleistung wurde diese für alle Untersuchungen auf 3500 W festgelegt.

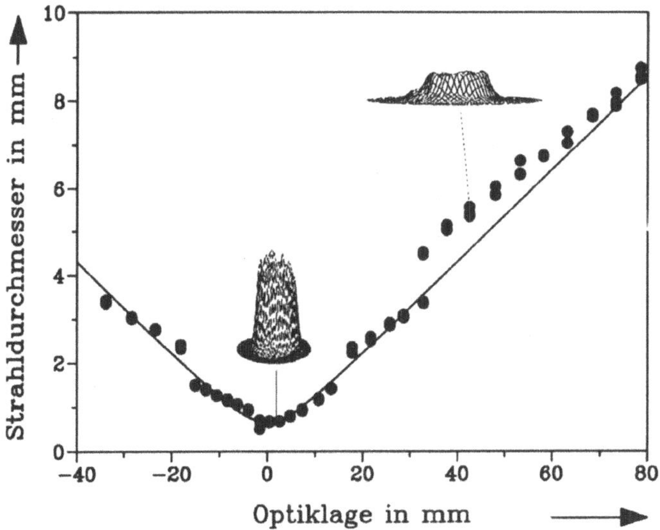

Bild 54 Strahldurchmesser als Funktion der Optiklage für Paraboloid-Kupferspiegel mit einer Brennweite von 300 mm.

Wie Bild 53 veranschaulicht, wurde die Position der Fokussieroptik zum Einstellen des Strahldurchmessers und damit der Intensität variiert. Zur Bestimmung des Strahldurchmessers wurden Messungen mit Hilfe eines Prometec-Diagnostikgerätes durchgeführt. Das Funktionsprinzip dieses Gerätes wird in [11] beschrieben. Bild 54 zeigt beispielhaft einen Verlauf des

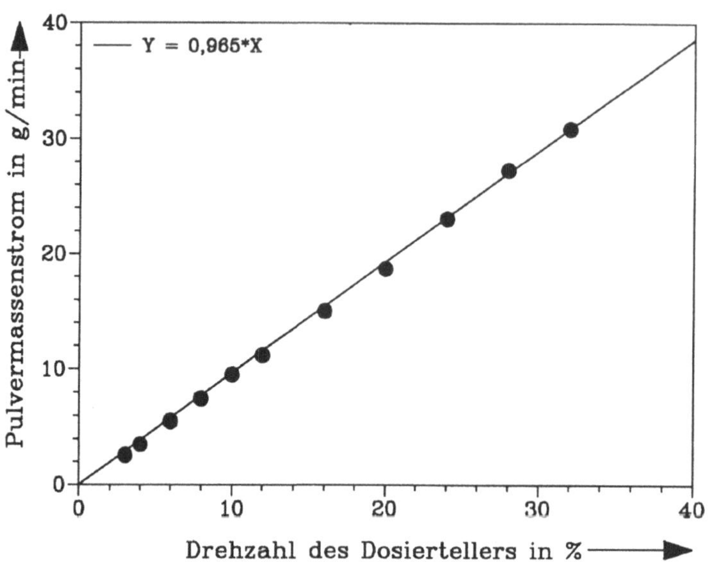

Bild 55   Kalibrierung des Pulvermassenstroms für Stellit21 Pulver (50-150 μm). Die prozentuallen Drehzahlangaben beziehen sich auf 10 min^{-1}.

Strahldurchmessers in Abhängigkeit von der Position der Optik. Die Intensitätsverteilung im Fokus und 40 mm außerhalb des Fokus wird ebenfalls in Bild 54 schematisch dargestellt.

Für alle Pulversorten wurde vor den Versuchen der Pulverförderer unter den gleichen Bedingungen wie bei der Laserbehandlung kalibriert. Die Kalibrierung wurde mit dem Aufbau gemäß Bild 40 ohne Blendeneinsätze durchgeführt. Bild 55 zeigt exemplarisch eine Kalibrierkurve des Pulvermassenstroms für Stellit21 über der Drehzahl des Dosiertellers.

6.2.3 Versuchsdurchführung

Für jeden Versuch wurden zuerst Einzelschmelzbahnen bei vorgewählten Prozeßparametern hergestellt. Daraus wurden die besten Parameterkombinationen ausgesucht, bei denen wiederum das Überlappen der Einzelschmelzbahnen durchgeführt wurde.

Beim Laserlegieren wurde eine Strahlintensität von 5×10^4 bis 2×10^5 W/cm² und für das Laserbeschichten und −dispergieren von 5×10^3 bis 5×10^4 W/cm² benötigt. Je nach Intensität wurde die Vorschubgeschwindigkeit des Werkstücks zwischen 0,1 und 1,0 m/min variiert. Der Pulvermassenstrom blieb in der vorliegenden Arbeit stets unter 25 g/min.

Die Proben wurden vor der Laserbehandlung gründlich mit Alkohol gereinigt, um eventuelle Einflüsse von Verunreinigungen der Oberfläche auf die Versuchsergebnisse auszuschließen. An jedem Versuchstag wurde die Laserleistung kontrolliert.

Nach der Laserbehandlung wurden die Proben unter einem Stereomikroskop auf Oberflächenrisse hin untersucht. Für die weiteren metallographischen Untersuchungen wurden Querschliffe an Stellen 10-15 mm vor dem Ende der Schmelzbahnen hergestellt, damit die Auswertung nicht von einer eventuellen instationären Verhalten des Schmelzbads beeinflußt wird. Von den Schliffen wurden die geometrischen Größen der Spuren (Breite, Höhe, Schichtdicke, Bild 51) bestimmt sowie lichtmikroskopische Untersuchungen durchgeführt. Härtemessungen, rasterelektronenmikroskopische Untersuchungen bzw. EDX-Mikroanalysen wurden hingegen nur bei ausgewählten Proben durchgeführt.

Die Querschnittsflächen der Einzelspuren lassen sich gemäß dem Meßverfahren auf Seite 45 ermitteln. Um den Aufwand in Grenzen zu halten, wurden diese auch rechnerisch ermittelt unter der Annahme, daß der Querschnitt ober- bzw. unterhalb der Probenoberfläche einem Kreissegment ähnelt. Beim Laserbeschichten wird z.B. die Querschnittsfläche F_1 durch die Formel

$$F_1 = \frac{h^2}{2}\left[\left(\frac{\pi}{2} - \arctan\left(\frac{b}{2h}\right)\right)\left(\left(\frac{b}{2h}\right)^2 + 1\right) - \left(\frac{b}{2h}\right)\left(\left(\frac{b}{2h}\right)^2 - 1\right)\right] \tag{26}$$

gegeben. Im Falle des Legierens besteht das Schmelzbad vorwiegend aus Substratmaterial. Zur Ermittlung des Querschnitts unterhalb der Probenoberfläche wird in Formel (26) die Spurhöhe durch die Einschmelztiefe ersetzt.

Der Aufmischungsgrad wird definiert als die Erhöhung der Eisenkonzentration in der Auftragsschicht. Dieser wird mit Hilfe der EDX-Analyse bestimmt. Der Aufwand einer EDX-Analyse ist recht hoch. Es genügt in vielen Fällen die Bestimmung einer relativen Einschmelztiefe als erste Näherung des Aufmischungsgrads (6.3.2).

6.3 Laserbeschichten mit Stellit21

Stellit21 ist eine mit Mo angereicherte CoCr-Legierung für die Herstellung verschleißfester Oberflächenschichten. Die chemische Zusammensetzung, die der Tabelle 16 zu entnehmen ist, ermöglicht unter geeigneten Schweißbedingungen eine hohe Warmfestigkeit, Korrosionsbeständigkeit und gute Gleiteigenschaften der aufgetragenen Schichten. Innerhalb der Gruppe

Tabelle 16   Die vom Hersteller angegebene chemische Zusammensetzung des Stellit21
Pulvers.

C	Si	Cr	Ni	Mo	Co	Fe
0.3%	0.9%	28%	3%	5%	Rest%	<3%

der Kobaltbasishartlegierungen verfügt Stellit21 über die größte Zähigkeit. Diese Eigenschaften ergeben vorteilhafte Einsatzmöglichkeiten bei Bauteilen, die überwiegend hohen
Temperaturen und schnellen Temperaturwechseln ausgesetzt sind und die hohen Drücken,
schlagender und punktförmiger Belastung unterliegen. Typische Vertreter solcher Bauteile
sind Warmarbeitswerkzeuge. Die Verarbeitung des in Stab- oder Pulverform angebotenen
Zusatzwerkstoffs erfolgt im Maschinenbau hauptsächlich durch das Verfahren des Auftrag-
schweißens. Die vollständige Ausbildung der beschriebenen Schichteigenschaften durch Auftrag mittels herkömmlicher Schweißverfahren ist aufgrund der hohen verfahrensbedingten
Wärmezufuhr problematisch, da diese häufig zu Schweißfehlern (Poren, Bindefehler), im
allgemeinen hoher Aufmischung des Grundwerkstoffs und thermischem Verzug und damit zu
einer Beeinträchtigung der Bauteilfunktion führen können. Für Beanspruchungskollektive aus
Druck, Temperatur und Abrasion, bei denen der abrasive Anteil überwiegt, sind konventionell
hergestellte Schichten dieser Legierung anderen Auftragswerkstoffen unterlegen [39].

Mit dem Einsatz des Laserbeschichtens bei gleichzeitiger Pulverzufuhr kann diesen Problemen begegnet werden, indem die Schweißraupenbildung unter sehr gezielt einstell- und
variierbaren Bedingungen von Wärmezufuhr, Temperaturänderung und Pulverzufuhr innerhalb
einer eng lokalisierten Bearbeitungszone erfolgt. Schichteigenschaften wie Aufmischung,
Haftfestigkeit oder Verschleißwiderstand werden besser beherrscht. Darüberhinaus bleibt die
Beschichtung auf Funktionsflächen beschränkt.

6.3.1 Einfluß der Prozeßparameter auf die Bildung der Einzelspuren

<u>Einfluß des Strahldurchmessers</u>
Durch die Veränderung des Strahldurchmessers wird die Breite der Bestrahlungszone variiert.
Bild 56 zeigt die Breite der Einzelspuren in Abhängigkeit vom Strahldurchmesser für drei
verschiedene Geschwindigkeiten bei einer konstanten Streckenmasse von 19,5 g/m. Daraus
geht hervor, daß die Spurbreite mit dem Strahldurchmesser zunimmt. Allerdings ist die
Zunahme der Spurbreite geringer als die Zunahme des Strahldurchmessers. Bei d_L=3 mm ist
die Spurbreite um 0,2 mm und bei d_L=6,7 mm schon um 2,2 mm kleiner als der Strahldurch-

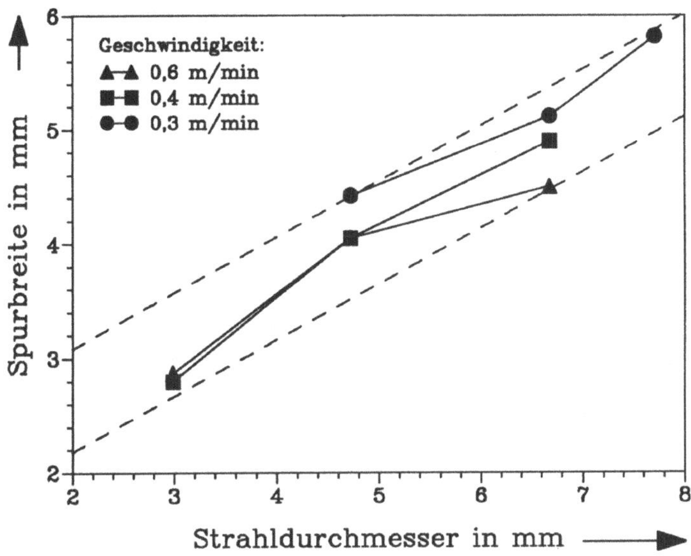

Bild 56   Die Breite der Stellit21-Einzelspuren als Funktion des Strahldurchmessers bei konstanter Streckenmasse von 19,5 g/m.

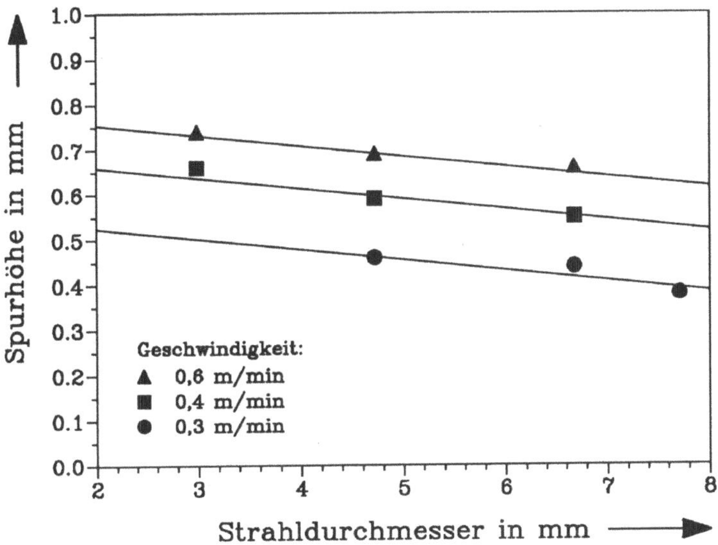

Bild 57   Spurhöhe als Funktion des Strahldurchmessers bei konstanter Streckenmasse von 19,5 g/m.

messer. Durch Auswertungen von zahlreichen Versuchsdaten ergibt sich, daß beim Beschichten mit Stellit21 die Spurbreite rund das 0,4 bis 0,5 fache des Strahldurchmessers beträgt.

Die Tendenz einer leichten Abnahme der Spurhöhe ist mit größer werdendem Strahldurchmesser bei konstanter Streckenmasse und Geschwindigkeit zu verzeichnen (Bild 57). Dies ist
verständlich, weil das vom Schmelzbad aufgenommene Pulvermaterial auf eine größere Breite
(Bild 56) verteilt werden muß. Aufgrund der Divergenz des Pulverstroms wächst der Pulvernutzungsgrad mit der Breite des Schmelzbads (Bild 47). Der höhere Pulvernutzungsgrad führt
trotz konstanter Streckenmasse zu einer Zunahme des Spurquerschnitts mit wachsendem
Strahldurchmesser. Daher nimmt die Beschichtungsrate der Einzelspuren mit dem Strahldurchmesser zu (Bild 58). Hierbei wird der ins Substrat eingeschmolzene Teil bei der
Berechnung von Querschnitten nicht in Betracht gezogen.

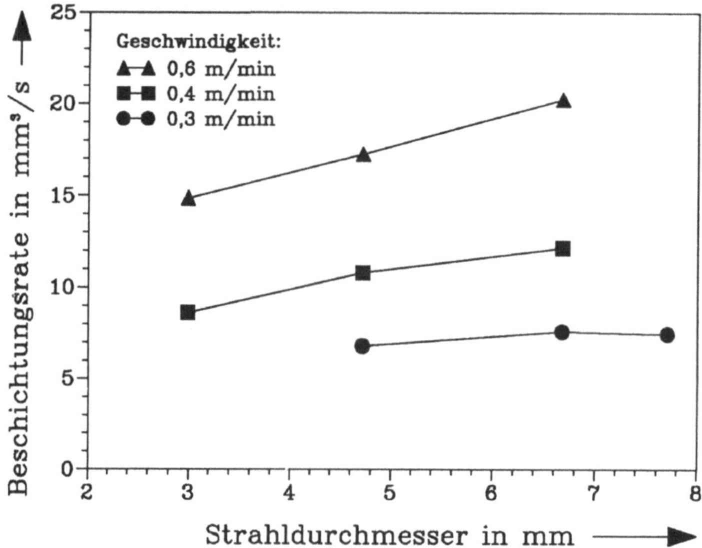

Bild 58   Beschichtungsrate als Funktion des Strahldurchmessers bei konstanter Strecken-
               masse von 19,5 g/m.

Die relative Einschmelztiefe ist unter anderem ein Maß dafür, wieviel Substratmaterial in die
Auftragschicht aufgemischt wird. Sie wird vom Strahldurchmesser beeinflußt (Bild 59). Es
ist ersichtlich, daß die Schmelzzone bei kleinem Strahldurchmesser (großer Intensität) tiefer
ins Substrat eindringt. Je größer der Strahldurchmesser ist, desto kleiner ist die relative Einschmelztiefe. Oberhalb d_L=4,7 mm (I=2x10^4 W/cm^2) konnte die Einschmelztiefe mit dem verwendeten Auswertungsverfahren nicht mehr eindeutig ermittelt werden. Um Enthärtungs-
erscheinungen der Beschichtung zu vermeiden ist die Eisenaufmischung bei Kobaltbasishart-

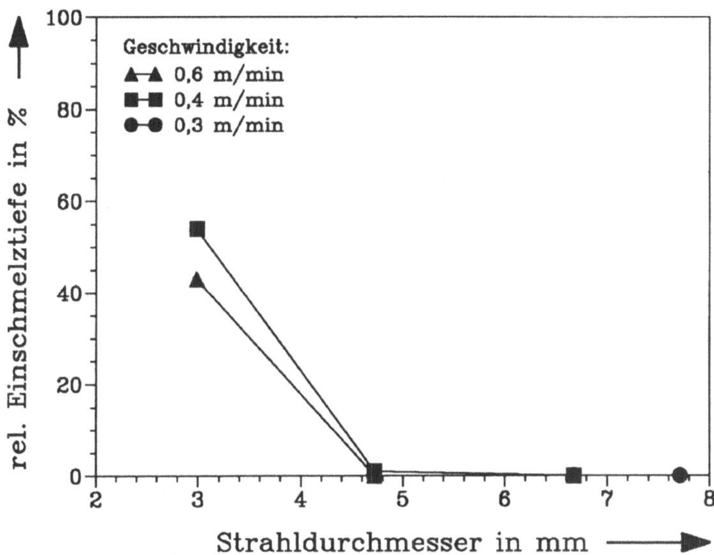

Bild 59 Relative Einschmelztiefe als Funktion des Strahldurchmessers bei konstanter Streckenmasse von 19,5 g/m.

legierungen möglichst gering zu halten [25]. Daher ist beim Beschichten mit Stellit21 die Strahlintensität kleiner als 2×10^4 W/cm^2 einzustellen.

Einfluß der Vorschubgeschwindigkeit

Die Spurbreiten und -höhen als Funktion der Vorschubgeschwindigkeit werden in Bild 60 und Bild 61 dargestellt. Dabei wird die Intensität bei 10^4 W/cm^2 (d_L=6,7 mm) konstant gehalten. Die Streckenmasse (von 13 bis 32,6 g/m) dient als Parameter. Bei konstantem Strahldurchmesser und konstanter Leistung sinkt die Energiedichte mit zunehmender Geschwindigkeit. Diese Reduzierung der Energiezufuhr führt zu einer Temperatursenkung und somit einer Verkleinerung des Schmelzbads. Die Breite nimmt dann ab (Bild 60).

Trotz konstant gehaltener Streckenmasse nimmt die Spurhöhe mit der Geschwindigkeit zu (Bild 61). Die Zunahme der Spurhöhe mit der Geschwindigkeit hängt von der Streckenmasse ab. Bei kleiner Streckenmasse fällt diese Zunahme nicht auf. Sie wird immer stärker, je größer die Streckenmasse ist. Dies hat zwei Gründe:

1)   Bei konstanter aufgenommener Pulvermenge steigt die Spurhöhe mit abnehmender Spurbreite, denn die Schmelze wird bei schmälerer Spur durch die Wirkung der Oberflächenspannung stärker zusammengezogen. Anderseits sinkt die Streckenenergie mit

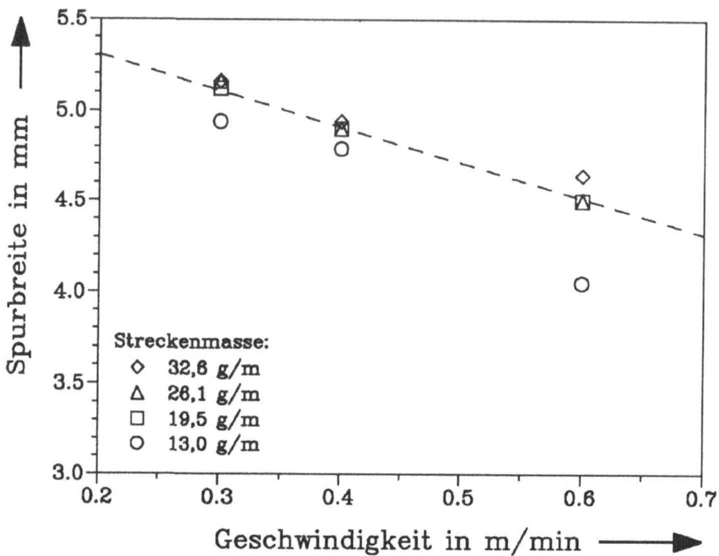

Bild 60   Breite als Funktion der Vorschubgeschwindigkeit bei $d_L=6{,}7$ mm und $I=10^4$ W/cm².

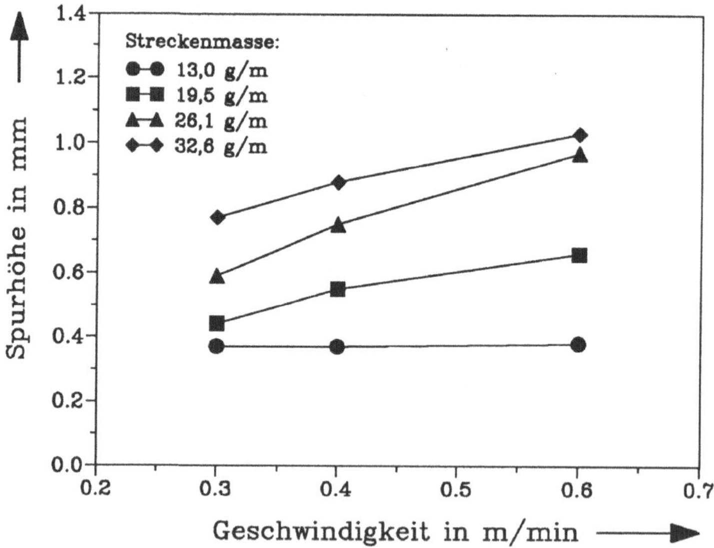

Bild 61   Spurhöhe als Funktion der Geschwindigkeit bei $d_L=6{,}7$ mm und $I=10^4$ W/cm².

steigender Geschwindigkeit. Infolge der niedrigeren Schmelzbadtemperatur wird die Oberflächenspannung größer, die Spur wird schmäler und noch höher.

2)   Wie sich bei der Untersuchung des Pulverstroms ergab, ist die Dichte der Pulverpartikel

in der Mitte des Pulverstroms höher als am Rand. Bei konstanter Streckenmasse wird mehr Pulver in der Mitte des Pulverstroms vom Schmelzbad aufgenommen als im Randbereich. Da die Spurbreite mit wachsender Geschwindigkeit abnimmt, steigt die über die Breite gemittelte Pulvermenge, die dabei umgeschmolzen wird. Infolge dessen steigt die Spurhöhe.

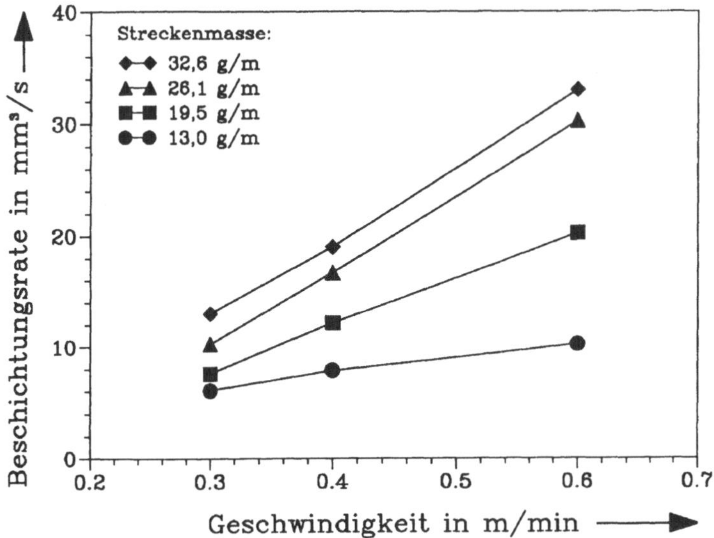

Bild 62   Beschichtungsrate in Abhängigkeit von der Geschwindigkeit bei I=10^4 W/cm^2.

Aus Bild 62 ist ersichtlich, daß die Beschichtungsrate bei konstanter Intensität und Streckenmasse mit der Geschwindigkeit linear steigt, obwohl die absolute Menge des in die Schicht eingebundenen Pulvermaterials mit steigender Geschwindigkeit sinkt.

Einfluß der Streckenmasse
Die Streckenmasse hat einen wesentlichen Einfluß auf die Bildung der Beschichtungsspuren. Mit zunehmender Streckenmasse steigt die Menge des in die Schmelze eingebundenen Pulvers, falls genügend Laserenergie zum Umschmelzen vorhanden ist. Daher nimmt die Spurbreite und -höhe (Bild 63 und Bild 64) mit der Streckenmasse zu. Die Zunahme der Spurbreite mit der Streckenmasse ist wegen des gleich bleibenden Strahldurchmessers gering. Im Gegensatz dazu ist die Abhängigkeit der Spurhöhe von der Streckenmasse ausgeprägter. Übereinstimmend mit Bild 57 sinkt die Spurhöhe mit zunehmendem Strahldurchmesser (bei kleinerer Intensität).

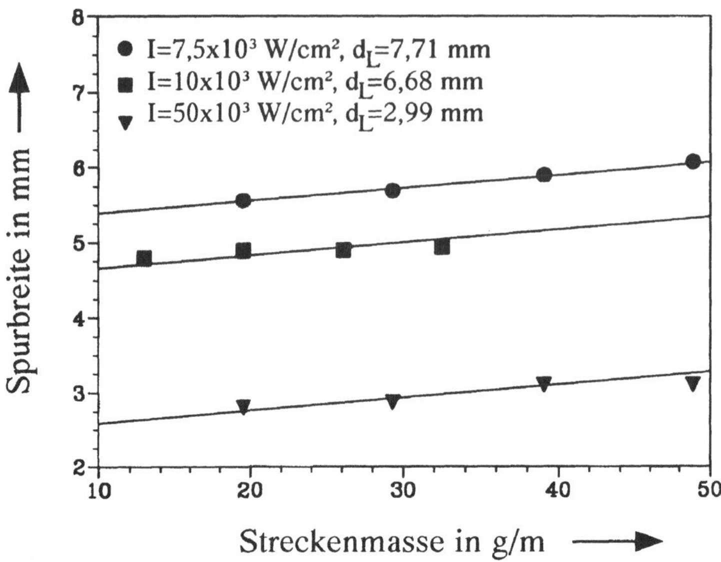

Bild 63   Spurbreite als Funktion der Streckenmasse bei der Geschwindigkeit von 0,4 m/min.

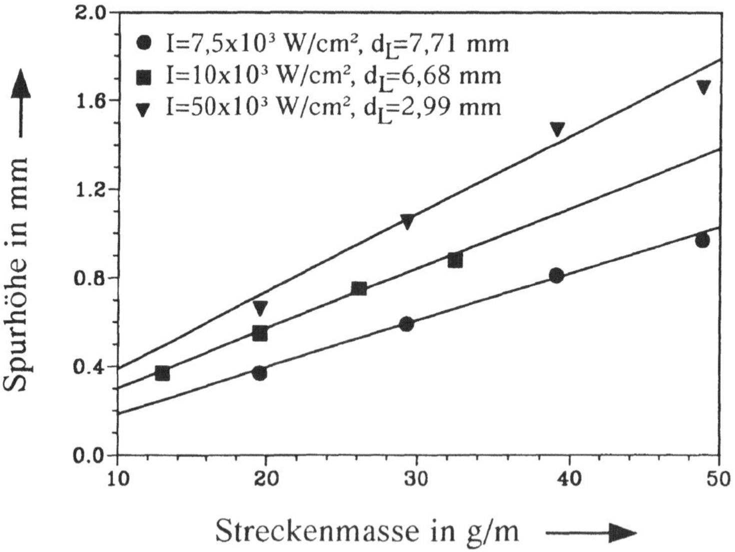

Bild 64   Spurhöhe als Funktion der Streckenmasse bei der Geschwindigkeit von 0,4 m/min.

Da Spurbreite und –höhe bei konstanter Geschwindigkeit mit der Streckenmasse zunehmen, steigt auch die Beschichtungsrate (Bild 65). Daraus ist zu erkennen, daß beim Beschichten mit höherer Streckenmasse die Verlustleistung durch Wärmeleitung ins Substrat P_w abnimmt, weshalb die eingekoppelte Laserleistung effektiver für das Beschichten genutzt wird.

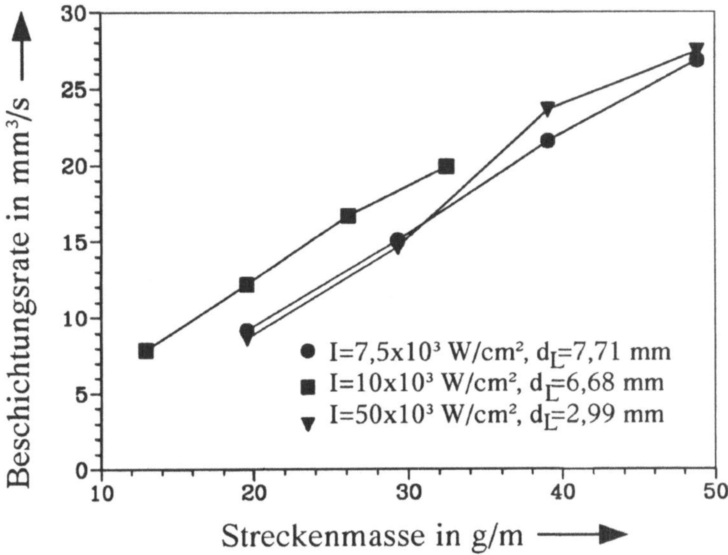

Bild 65   Die Beschichtungsrate als Funktion der Streckenmasse bei v=0,4 m/min. Die Einschmelztiefe wird dabei vernachlässigt.

In Bild 66 wird die relative Einschmelztiefe als Funktion der Streckenmasse dargestellt. Sie nimmt mit steigender Streckenmasse ab. Bei einer Intensität zwischen $7,5x10^3$ und $1x10^4$ W/cm² ist die relative Einschmelztiefe ab 20 g/m verschwindend klein.

Aus den obigen Ausführungen wird deutlich, daß die Spurbreite hauptsächlich vom Strahldurchmesser, die Spurhöhe von der Streckenmasse und die Einschmelztiefe von der Intensität bestimmt wird.

Einfluß der Pulverzufuhrdichte

Das Formverhältnis b/h ist eine wichtige Kenngröße der Einzelspuren. Es ist abhängig von der Benetzung der Schmelze auf dem Werkstück und von der Oberflächenspannung des Werkstoffsystems. Das Formverhältnis hängt außerdem auch von der Menge des Pulverzusatzes ab. Bild 67 zeigt das b/h-Verhältnis der Einzelspuren beim Beschichten mit Stellit21

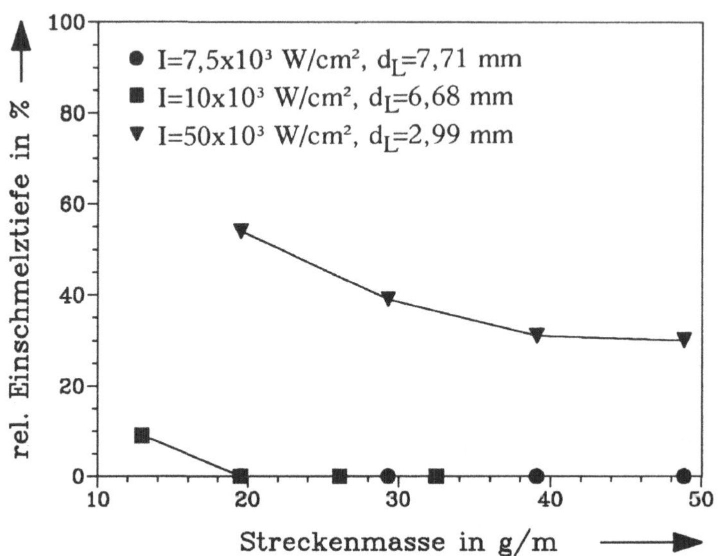

Bild 66   Relative Einschmelztiefe als Funktion der Streckenmasse bei v=0,4 m/min.

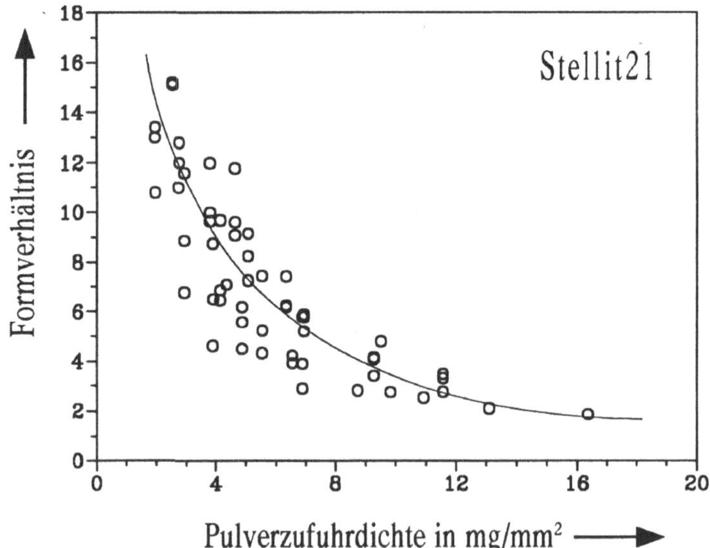

Bild 67   Das Formverhältnis der Einzelspuren als Funktion der Pulverzufuhrdichte beim
Beschichten mit Stellit21.

als eine Funktion der Pulverzufuhrdichte. Mit steigender Pulverzufuhrdichte fällt b/h stetig
ab. Falls zur Vermeidung der Überlappungsfehler das Formverhältnis den Wert 5 nicht unter-
schreiten soll, ist nach Bild 67 die Pulverzufuhrdichte unter 5 mg/mm² zu wählen.

Einfluß der bezogenen Streckenmasse

Die relative Einschmelztiefe hängt eindeutig von der auf die Energiedichte bezogenen Strekkenmasse ab (Bild 68). Bei niedrigen Werten ist die relative Einschmelztiefe recht groß, weil ein hoher Energieüberschuß im Vergleich zur aufgebrachten Pulvermenge vorhanden ist. Dieser geht mit wachsender bezogener Streckenmasse rasch auf Null zurück. Im Bereich großer bezogener Streckenmasse wird verhältnismäßig viel Pulver ins Schmelzbad gefördert. Die eingekoppelte Laserenergie wird hierbei hauptsächlich zur Aufschmelzung des Pulvermaterials und nicht des Substrats verbraucht. Hier werden geringe Einschmelztiefen beobachtet, wobei Einschmelztiefen unter 50 µm wegen der Meßunsicherheit nicht erfaßt werden können.

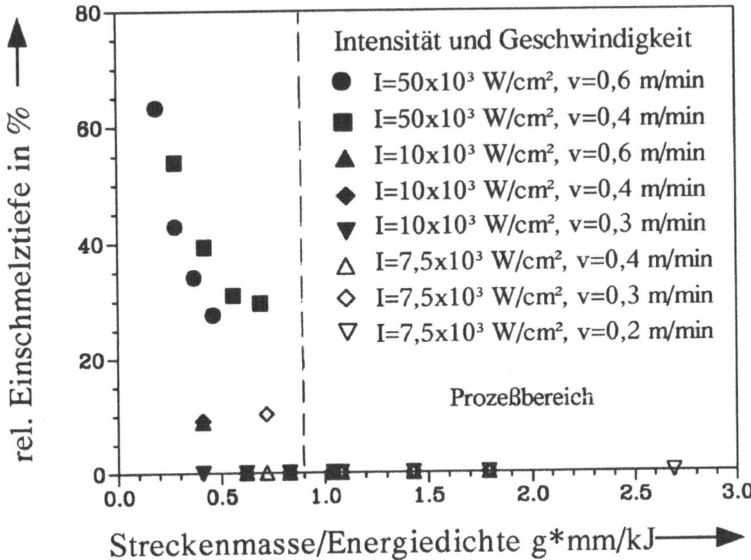

Bild 68   Relative Einschmelztiefe als Funktion der auf die Energiedichte bezogener Streckenmasse m_e, P=3500 W.

Beschichtungsrate $(F_1 v)$

Falls bei der Bestimmung der Beschichtungsrate die Einschmelzung ins Substrat vernachlässigbar ist und statt der gesamten Querschnittsfläche F nur der Querschnitt oberhalb der Probenoberfläche F_1 in Formel (24) eingesetzt wird, entspricht die Beschichtungsrate $(F_1{*}v)$ dem pro Zeit aufgetragenen Pulvervolumen. In Bild 69 wird die Beschichtungsrate bei allen Parameterkombinationen über dem Pulvermassenstrom aufgetragen. Es besteht ein linearer

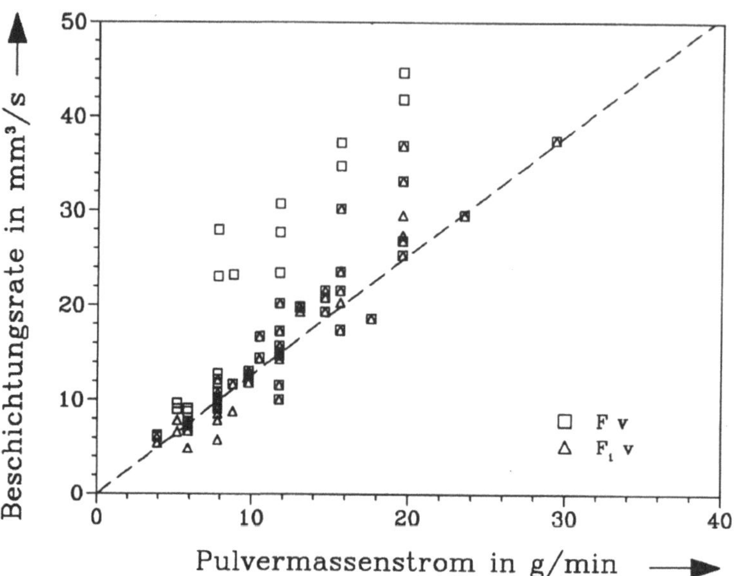

Bild 69   Die Beschichtungsrate als Funktion des Pulvermassenstroms für Stellit21 bei P=3500 W.

Zusammenhang zwischen der Beschichtungsrate und dem Pulvermassenstrom (siehe die gestrichelte Linie als Ausgleichgerade in Bild 69). Zählt man das ins Substrat eingeschmolzene Volumen der Beschichtungsrate hinzu, so führt dies bei hohen Intensitäten zu einer Abweichung von der oben genannten Gerade (F v in Bild 69), da bei hohen Intensitäten relativ viel Substratmaterial umgeschmolzen wird.

6.3.2 Gefüge und Härte

Das Gefüge der laseraufgetragenen Stellit21-Schicht ist typischerweise dendritisch (Bild 70). Aufgrund des hohen Temperaturgradienten am Übergang zum Substrat sind die Dendriten dort gröber. Sie wachsen parallel in die Schicht hinein und werden in der Nähe der Oberfläche feinkörniger.

Bild 71 zeigt beispielhaft den Härteverlauf in einer Stellit21-Spur, in der die Härte mit ca. 400 HV homogen, aber niedriger als in der Wärmeeinflußzone, verläuft.

Bild 72 zeigt den Aufmischungsgrad und die Härte als Funktion der bezogenen Streckenmasse für die gleichen Versuchsbedingungen wie in Bild 68. Es wird deutlich, daß der Aufmischungsgrad und ebenfalls die relative Einschmelztiefe mit der bezogenen Streckenmasse

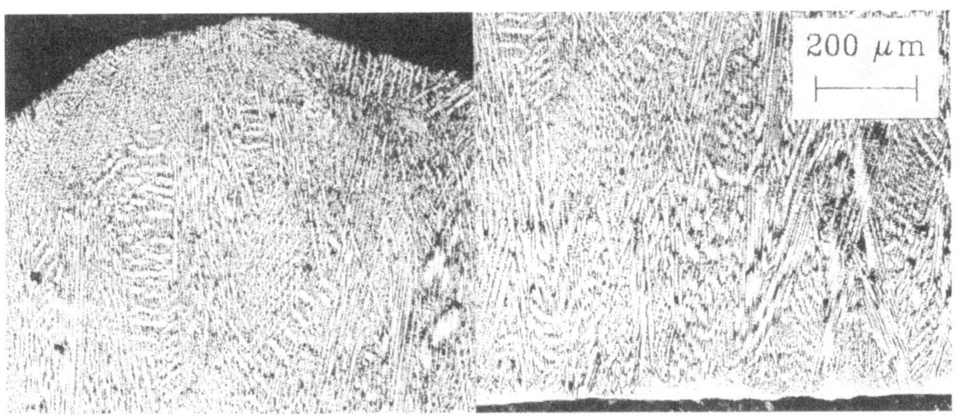

nahe der Oberfläche   an der Grenze zum Substrat

Bild 70 Typisch dendritisches Gefüge der Stellit21-Laserbeschichtung im unteren und oberen Bereich der Schicht.

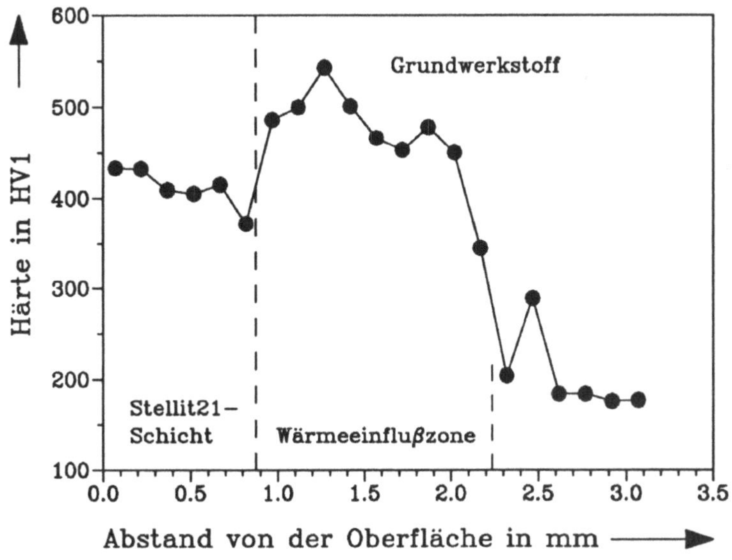

Bild 71 Härteverlauf in einer Einzelspur aus Stellit21.

abnehmen. Ein Vergleich der beiden Bilder bestätigt, daß die relative Einschmelztiefe in der Tat einen Anhaltspunkt für den Aufmischungsgrad darstellt. Ab Werten der bezogenen Strekkenmasse m_e=1,0 g*mm/kJ bleibt der Aufmischungsgrad unter 5%. Dabei steigt gleichzeitig die Härte.

Die Härte der Beschichtung ist stark abhängig vom Aufmischungsgrad, was aus Bild 72

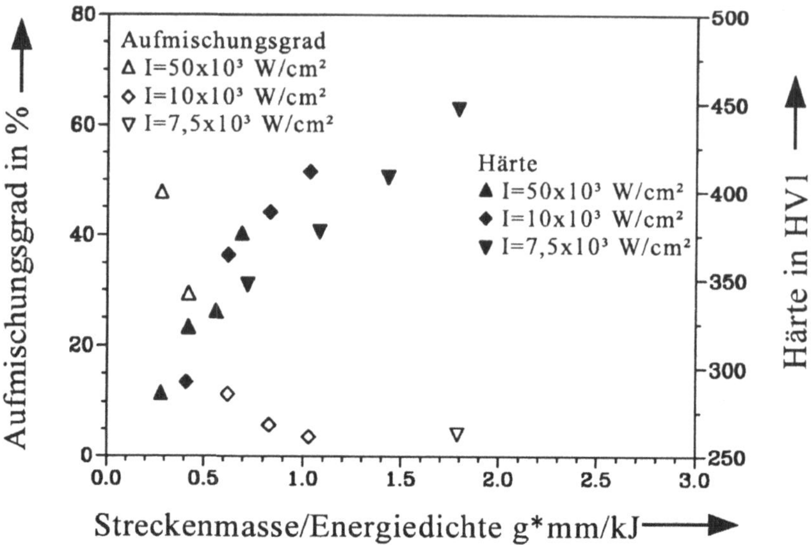

Bild 72   Aufmischungsgrad und Härte als Funktion der auf die Energiedichte bezogenen Streckenmasse des Pulvers.

hervorgeht. Bei niedrigem Aufmischungsgrad (<5%) beträgt die Härte 400-450 HV1. Im Bereich niedriger bezogener Streckenmasse geht sie bis auf 300 HV1 zurück. Dieses Verhalten stimmt mit dem Enthärtungseffekt des Eisens in Stellit-Legierungen überein [25]. Desweiteren treten Gefügefehler in Form von Poren auf.

6.3.3 Überlappungen von Einzelspuren

Zur Herstellung einer flächendeckenden Verschleißschutzschicht wurden in den Versuchen die Parameterkombinationen ausgesucht, bei denen der Aufmischungsgrad niedrig war und wenig Strukturfehler beobachtet wurden. Da beim Überlappen ein Teil der folgenden Spur auf die vorangegangene Spur gelegt wurde, änderte sich die Wärmeübergangsbedingung. Daher können sich hierbei andere Ergebnisse als bei den Einzelspuren ergeben.

Bei den Versuchen an Einzelspuren wurde festgestellt, daß die Beschichtungsrate mit der Geschwindigkeit und Streckenmasse zunahm. Analog hierzu verhielt sich auch die Beschichtung mit überlappten Spuren. Bild 73 und Bild 74 zeigen die lineare Abhängigkeit der Beschichtungsrate von der Geschwindigkeit und Streckenmasse. Der Effekt ist vergleichbar zu dem bei Einzelspuren (s. Bild 65). Um den Aufmischungsgrad bei hoher Intensität in Grenzen zu halten, muß die Vorschubgeschwindigkeit höher eingestellt werden.

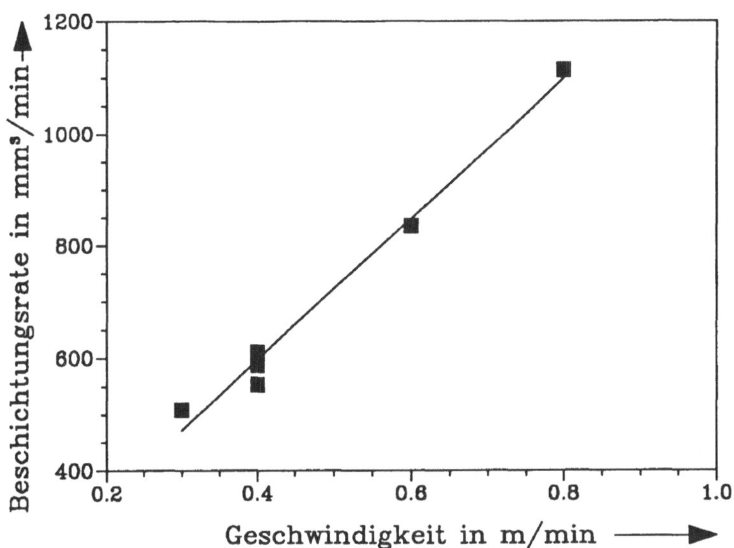

Bild 73   Beschichtungsrate der Überlappungen in Abhängigkeit von der Geschwindigkeit, $I=2\times10^4$ W/cm², Streckenmasse=19,54 g/m, Überlappungsgrad=50%.

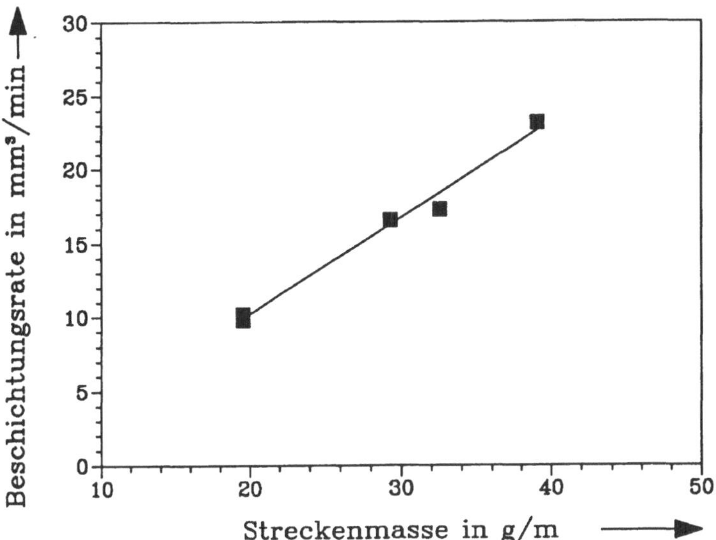

Bild 74   Einfluß der Streckenmasse auf die Beschichtungsrate beim Überlappen, $I=2\times10^4$ W/cm², v=0,4 m/min, Überlappungsgrad=50%.

Weil mit höher werdender Intensität die Vorschubgeschwindigkeit ebenfalls höher sein muß
und weil die Beschichtungsrate mit zunehmender Geschwindigkeit steigt, läßt sich ableiten,
daß die Beschichtungsrate bei großer Intensität höher liegt. Es besteht jedoch die Gefahr, daß
eine Abweichung von den optimierten Prozeßparametern (Strahldurchmesser bzw. Pulvermassenstrom) der Aufmischungsgrad über eine zulässige Grenze steigt. Dies macht eine
genaue Einstellung der Prozeßparameter notwendig. Bei hoher Vorschubgeschwindigkeit ist
die Wechselwirkungszeit kürzer, und somit der Energieverlust durch Wärmeleitung P_w
geringer. Daher kann eine höhere Beschichtungsrate bei großer Geschwindigkeit und hoher
Intensität erreicht werden.

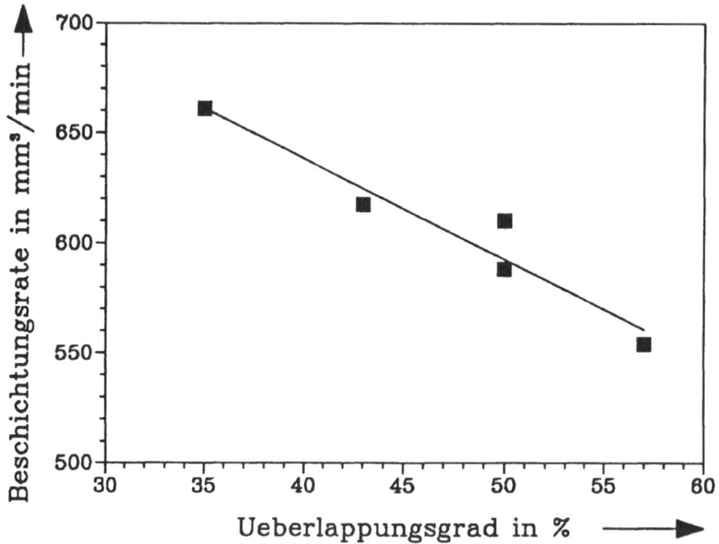

Bild 75   Beschichtungsrate als Funktion des Überlappungsgrads. $I=2 \times 10^4$ W/cm², v=0,4
m/min, Streckenmasse = 19,54 g/m.

Mit zunehmendem Überlappungsgrad wird das Beschichtungsmaterial der vorangegangen
Spur noch einmal umgeschmolzen. Das Wiederumschmelzen trägt zur Beschichtungsrate
nicht bei. Größere Überlappungsgrade bedeuten daher in der Praxis kleinere Beschichtungsrate (Bild 75).

Bild 76 stellt den Aufmischungsgrad und die mittlere Härte in Abhängigkeit der bezogenen
Streckenmasse dar. Beim Vergleich mit den Einzelspuren (Bild 72) stellt man fest, daß über-
lappende Beschichtungen hinsichtlich Eisenaufmischung unempfindlicher sind. Auch bei
Werten der bezogenen Streckenmasse kleiner als 1.0 g*mm/kJ bleibt der Aufmischungsgrad

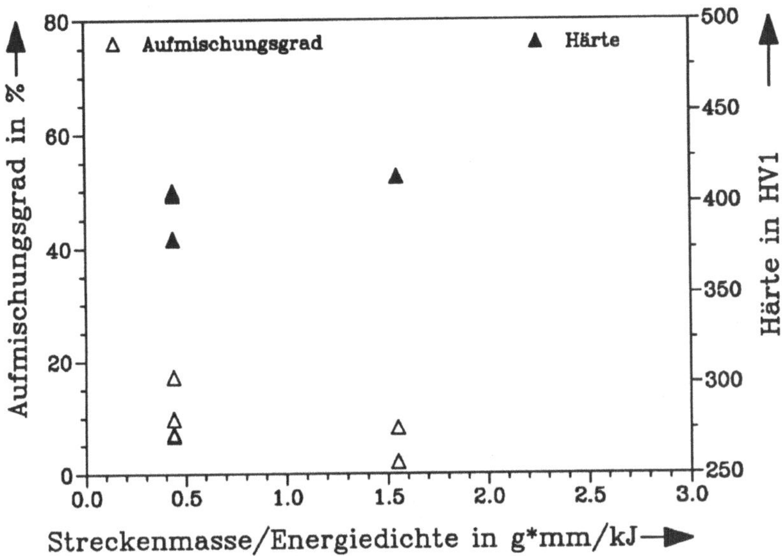

Bild 76   Eisenaufmischungsgrad und entsprechende Härte beim Überlappen als Funktion der auf die Energiedichte bezogenen Streckenmasse m_e.

kleiner als 10%. Dies kann wie folgt erklärt werden. Besitzt die bereits beschichtete Spur einen niedrigeren Schmelzpunkt als der zu beschichtende Grundwerkstoff, wird der Energie-überschuß beim überlappenden Beschichten durch Aufschmelzen der vorangegangenen Spur abgebaut. Die Aufschmelzung des Substrats wird daher verringert, so daß die Gefahr der Aufmischung sinkt.

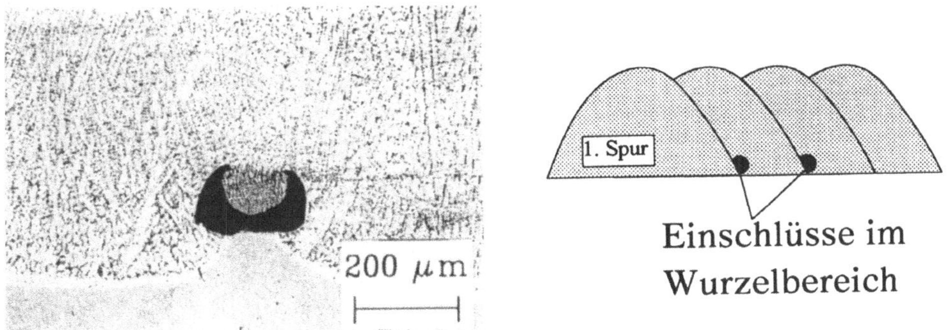

Bild 77   Typischer Beschichtungsfehler im Überlappungsbereich.

Ein typischer Beschichtungsfehler bei überlappenden Spuren sind Einschlüsse im Bereich der Überlappungen[1]. Der schwarze Bereich in Bild 77 (links) ist mit Einschlüssen gefüllt und bildet in der Probenvorschubrichtung oft eine geschlossene Kette. Die Einschlüsse treten vorzugsweise bei kleinem Formverhältnis der Einzelspur auf (b/h<5). Dies begünstigt die Bildung einer Wirbelströmung im Wurzelbereich (Bild 77 rechts) und führt zu einer Anhäufung von Verunreinigungen in diesem Bereich aufgrund deren geringeren Dichte gegenüber der metallischen Schmelze. Um Fehler dieser Art zu vermeiden, ist das Formverhältnis zu erhöhen. Als weitere Maßnahmen können größere Strahldurchmesser bzw. kleinere Streckenmassen gewählt werden.

6.3.4 Abgeleitete Parameterauswahlkriterien

Aus den obigen Ausführungen ergeben sich die Auswahlkriterien der Prozeßparameter:

1)   Aus den Untersuchungen in 4.5.5 sollte man aus energetischem Grund die Laserleistung möglichst hoch einstellen.

2)   Die Intensität des Laserstrahls soll zur Vermeidung einer großen Aufmischung unterhalb eines kritischen Werts bleiben. Für Stellit21 sollte die Intensität nicht höher als 2×10^4 W/cm^2 sein. Um eine hohe Beschichtungsrate zu erzielen, soll die Intensität an der oberen zulässigen Grenze leigen. Damit ist der Strahldurchmesser bei bekannter Leistung festgelegt.

3)   Auch um die Aufmischung des Substratmaterials möglichst gering zu halten, muß die auf die Energiedichte bezogene Streckenmasse

$$\frac{\dot{m}_p}{P/d_L} \geq 1{,}0 \left[\frac{g\ mm}{kJ} \right] \tag{27}$$

sein (Bild 68 und Bild 72). Daraus läßt sich der unterste Wert des Pulvermassenstroms bestimmen.

4)   Damit die Überlappung der Einzelspuren fehlerfrei wird, muß das Formverhältnis einen gewissen Wert überschreiten. Setzt man diesen Wert für Stellit21 auf 5, so ist laut Bild 67 (bei P=3500 W) die Pulverzufuhrdichte gemäß

$$\frac{\dot{m}_p}{d_L\ v} \leq 5 \left[\frac{mg}{mm^2} \right] \tag{28}$$

einzustellen. Damit kann man eine geeignete Vorschubgeschwindigkeit einstellen.

---

[1] Diese Art von Fehler ist insbesondere bei Stellit21-Pulver ausgeprägt. Beim Beschichten mit anderen Kobaltbasis-Legierungen (Stellit F und Stellit 6) werden Fehler dieser Art selten beobachtet.

5)   Der Prozeß ist auf eine maximale Beschichtungsrate zu optimieren. Nach Bild 69 ist
diese proportional zum Pulvermassenstrom. Somit ist der Pulvermassenstrom unter der
Voraussetzung[2], daß b/h nicht zu klein wird, möglichst groß einzustellen.

Die konkreten Parameterwerte sind werkstoffabhängig und müssen durch experimentelle
Untersuchungen ermittelt werden.

Nach dem Laserbeschichten mit der Hartlegierung (Stellit21) wird nachfolgend auf die Ober-
flächenverfahren mit Hartstoffzufuhr (WC) konzentriert. Zum Vergleich wird auch Laserlegieren mit Graphitvorbeschichtung beschrieben.

6.4 Laserlegieren

Der Einsatzstahl 16MnCrS5 hat einen Kohlenstoffgehalt von 0,14-0,19%. Um eine hohe
Härte zu erreichen ist es zweckmäßig, die Kohlenstoffkonzentration in der Randschicht zu
steigern. Dies ist durch Laserlegieren mit kohlenstoffhaltigem Zusatzwerkstoff realisierbar.
Die Oberfläche des Stahls wird dabei partiell aufgeschmolzen. Der Kohlenstoff wird durch
schnelle Konvektionsbewegungen gleichmäßig in der gesamten Schmelzzone verteilt.

Der Kohlenstoffzusatz lag bei den Versuchen in Form einer kolloidalen Graphitsuspension
bzw. des WC-Pulvers vor. Im ersten Fall wurden die gereinigten Werkstücke mit einer
Graphitsuspension vorbeschichtet. Die Dichte der Graphitvorbeschichtung betrug 12 bzw. 24
mg/cm^2. Im Falle des Legierens mit WC wurde agglomeriertes WC-Pulver mit 12% Kobalt-
Zusatz verwendet, dessen Partikelgröße im Bereich von 45-90 μm lag. Das Pulver wurde dem
Schmelzbad simultan zugeführt.

6.4.1 Laserlegieren mit Graphitvorbeschichtung

Die Breite der Schmelzspuren hängt eindeutig vom Strahldurchmesser ab (Bild 78). Im
Gegensatz zum Beschichten ist hierbei die Spurbreite größer als der Strahldurchmesser. Dies
kann verschiedene Gründe haben. Da die Intensität beim Legieren um eine Größenordnung

---

[2] Eine weitere obere Grenze des Pulvermassenstroms ist durch maximale Abschmelz-
leistung gegeben. Falls mehr Pulver zugeführt wird als umgeschmolzen werden kann,
treten Bindefehler auf. Vor dieser absoluter Grenze wird jedoch die durch Formverhältnis gegebene Grenze des Pulvermassenstroms erreicht.

höher ist als beim Beschichten, liegt die Schmelzbadtemperatur höher. Es tritt eine ausgeprägte Maragoni-Konvektion auf, durch die das Schmelzbad zur Seite und in die Tiefe verbreitert wird. Desweiteren wird die Schmelzbadverbreiterung durch die Graphitvorbeschichtung begünsitgt, denn der Einkopplungsgrad liegt hierbei höher als der ohne Graphitvorbeschichtung.

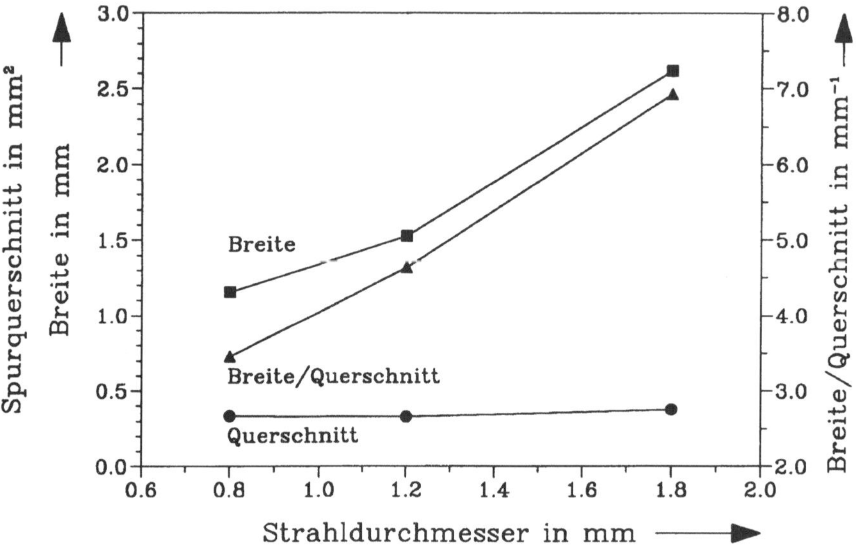

Bild 78   Breite und Querschnittsfläche der Spuren als Funktion des Strahldurchmessers, P=1500 W, v=1,0 m/min, $\dot{m}_p$=2,9 g/min.

Aus Bild 78 ist ebenfalls ersichtlich, daß die Querschnittsfläche der Spuren fast unabhängig vom Strahldurchmesser ist. Die mit dem Strahldurchmesser größer werdende Spurbreite wird durch eine kleinere Einschmelztiefe kompensiert. Ausgehend von einer homogenen Graphitschicht, deren Dicke bei der Vorbeschichtung festgelegt ist, wird die Menge des Kohlenstoffzusatzes ins Schmelzbad von der Spurbreite bestimmt. Die letztlich erzielbare Kohlenstoffanreicherung ist noch vom Umschmelzvolumen, also vom Spurquerschnitt, abhängig. Der Quotient von Breite zu Querschnittsfläche stellt daher eine Kenngröße für die Einbringung des Graphits bezüglich des gesamten Schmelzvolumens, also für die Zunahme der Kohlenstoffkonzentration, dar. Er steht mit dem Strahldurchmesser in linearem Zusammenhang. Es gilt: Je größer der Strahldurchmesser ist, desto mehr Graphit wird in die Legierungsschicht eingebunden.

Bild 79 zeigt Breite und Querschnittsfläche der Einzelspuren als Funktion der Laserleistung.

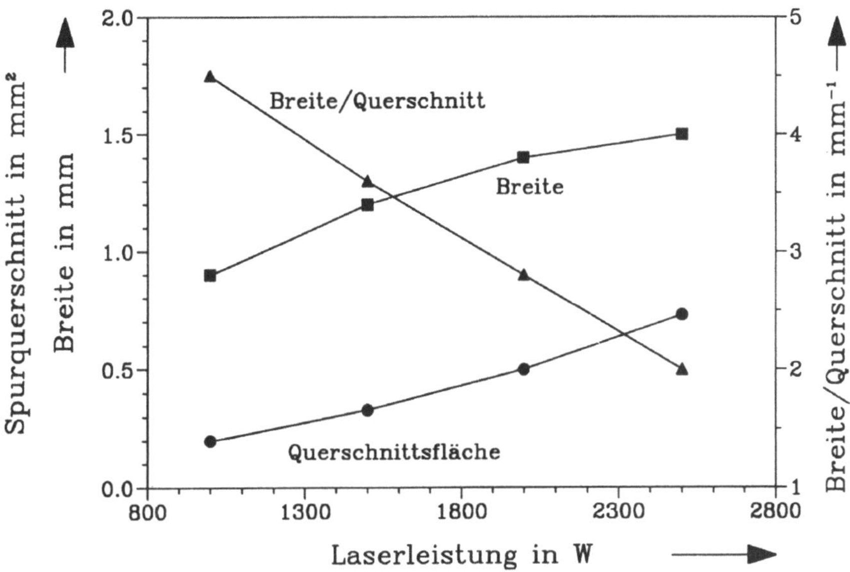

Bild 79   Breite und Querschnittsfläche der Spuren als Funktion der Laserleistung, v=0,6 m/min, d_L=0,8 mm. Graphit-Beschichtungsdichte=2,4 mg/cm².

Mit zunehmender Leistung steigt die Spurbreite. Diese Zunahme flacht bei großer Laserleistung wegen des konstant gebliebenen Strahldurchmessers ab. Im Vergleich dazu ist der Anstieg der Querschnittsfläche steiler, da die Spurhöhe ebenfalls mit der Laserleistung zunimmt. Der resultierende b/F-Quotient fällt mit der Leistung ab.

Die mit Graphit vorbeschichteten Proben zeigen nach dem Laserumschmelzen eine hohe Härte von 800 bis 1000 HV0.1, während die nicht graphitierten Proben nach dem Umschmelzen eine Härte von 450 HV0.1 haben (Bild 80). Die Härtung der graphitierten Proben ist auf die martensitische Umwandlung zurückzuführen [102].

Aus WDX-Messungen (Wellenlängen-Dispersive-Röntgenanalyse) geht hervor, daß sich die Kohlenstoffkonzentration in der Oberflächenschicht durch das Laserlegieren erhöht. Bild 81 stellt die Härte in Abhängigkeit von der Kohlenstoffkonzentration dar. Es ist bekannt, daß die Härte des martensitischen Gefüges mit der Kohlenstoffkonzentration variiert. Im Bereich kleiner Kohlenstoffkonzentration steigt die Härte der Legierungsschichten infolge der zunehmenden Gitterverzerrung durch tetragonalen Martensit. Gleichzeitig sinkt die Martensit-Start-Temperatur M_s. Bei einer Kohlenstoffkonzentration von 0.7% erreicht die Legierungshärte ein Maximum von knapp 1000 HV0.1. Bild 82 (links) zeigt ein vollständig in Martensit umgewandtes Gefüge bei dieser Kohlenstoffkonzentration [103]. Bei weiterem Anstieg des Kohlen-

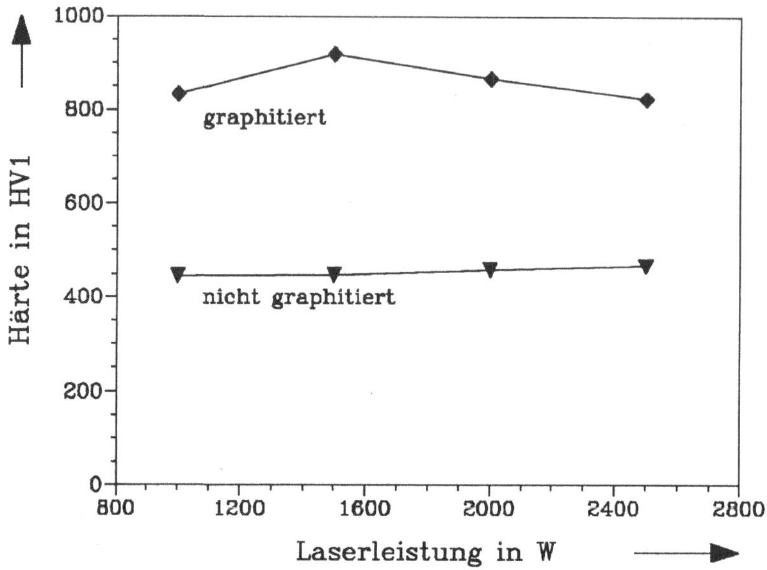

Bild 80   Härte der Laserumschmelzspuren mit und ohne Graphitvorbeschichtung, v=0,6 m/min, d_L=0,8 mm. Graphit-Beschichtungsdichte=2,4 mg/cm^2.

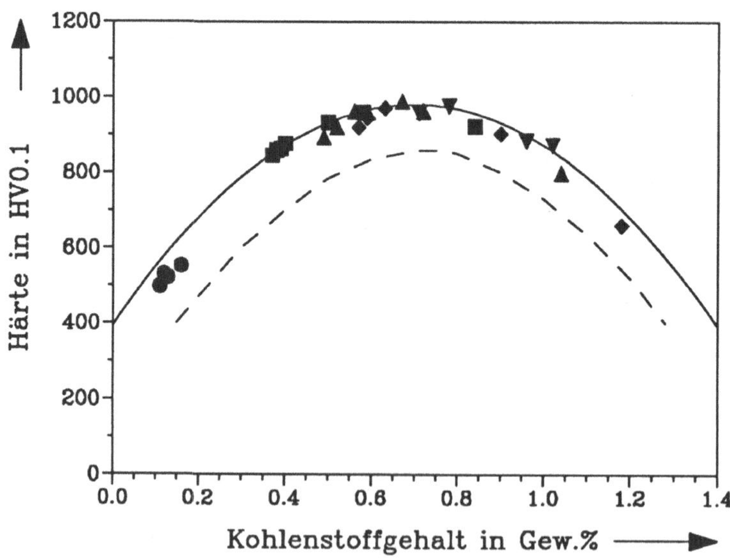

Bild 81   Legierungshärte aus fünf Meßreihen in Abhängigkeit vom Kohlenstoffgehalt. Auf die gestrichelte Kurve wird im Text näher eingegangen.

stoffgehalts sinkt die Härte wegen des zunehmenden Restaustenit-Anteils im Gefüge (Bild 82 rechts).

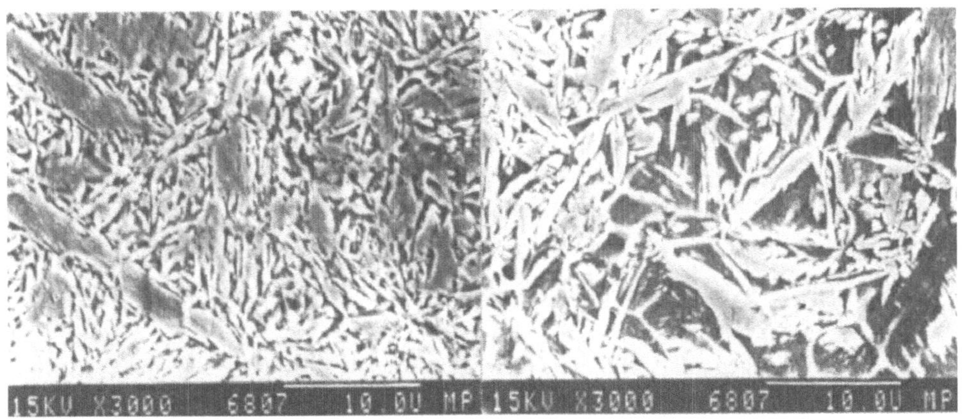

Kohlenstoffgehalt=0,7 Gew.-%   Kohlenstoffgehalt=1,2 Gew.-%

Bild 82 Mit Graphit legierte Spuren: a) martensitisches Gefüge bei 0,7%C; b) Martensit mit Restaustenit bei 1,2%C [103].

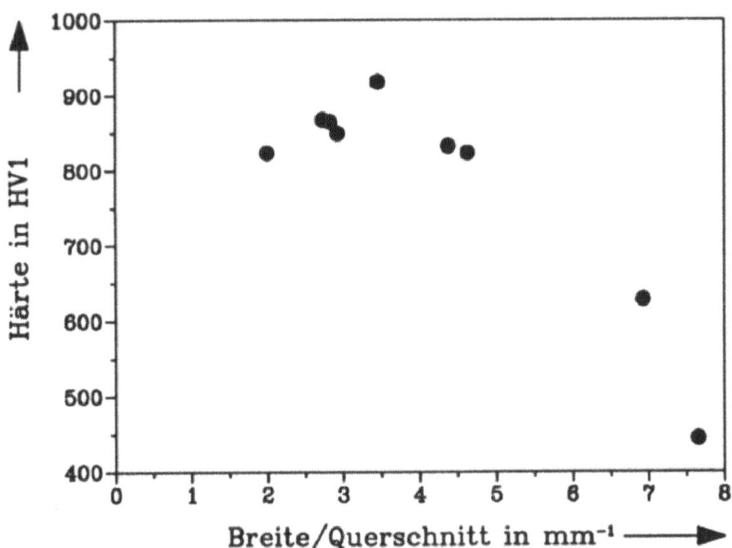

Bild 83 Der Quotient von Breite/Querschnittsfläche als ein Maß für das Kohlenstoffgehalt, v=0,6 m/min, Graphit-Beschichtungsdichte=240 mg/cm^2.

Die gestrichelte Kurve in Bild 81 stellt den Härteverlauf (bei einer Prüflast von 1 kp) für die Ofenhärtung eines aufgekohlten 16MnCr5-Stahls bei 925°C mit einer Abkühlung im Ölbad dar. Die um ca. 100 höheren Härtewerte der laserlegierten Schichten lassen sich mit der feineren Korngröße erklären. Ein weiterer Grund ist wahrscheinlich die Prüflastabhängigkeit

der Vickershärte. Bei kleiner Prüflast sind die angezeigten Härtewerte höher als bei großer
Last [104].

Wie bereits erwähnt, läßt sich die Kohlenstoffkonzentration mit dem Quotient b/F regeln.
Ähnlich wie in Bild 81 wird die Härte als Funktion des Quotients b/F Bild 83 dargestellt.
Durch Vergleich der beiden Bilder stellt man fest, daß der Quotient b/F mit der Kohlenstoffkonzentration in der Legierung gut korreliert. Die vergleichsweise einfache Bestimmung
dieses Quotients kann also in vielen Fällen die aufwendigen WDX-Messungen ersetzen.

Bei den Untersuchungen mit einem Stereomikroskop konnten keine Oberflächenrisse nachgewiesen werden. Die in manchen Literaturstellen erwähnten Risse (s. 2.4) treten hier wegen
der vergleichsweise geringeren Kohlenstoffkonzentration nicht auf. Die Oberfläche der
Umschmelzspuren ist nicht gewellt, bei einer erzielten Rauhigkeit (R_z) in der Größenordnung
von einigen µm. Auch im Spurquerschnitt werden keine Risse und grobe Poren beobachtet.

6.4.2 Laserlegieren mit Wolframkarbid-Pulverzufuhr

<u>Einfluß der Prozeßparameter auf die Spurgeometrie</u>
Hier wird das WC/Co-Pulver als Kohlenstoffträger benutzt. Den größten Einfluß auf den
Prozeß hat der Strahldurchmesser und die Pulverstreckenmasse. Wie in Bild 84 dargestellt,
nimmt die Spurbreite beim Laserlegieren linear mit dem Strahldurchmesser zu, falls die
Streckenmasse konstant gehalten wird. Im Vergleich zum Legieren bei Graphitvorbeschichtung fällt hierbei die kleinere Spurbreite bezogen auf den Strahldurchmesser auf. Hierbei
entfällt der Einkopplungsbeitrag der Graphitvorbeschichtung, mit dessen Hilfe größerer
Bereich auf die Schmelztemepratur gebracht wird. Somit vergrößert sich das Schmelzbad
auch in seitliche Richtung.

Die Streckenmasse hat einen großen Einfluß auf die Bildung der Spurgeometrie und auf die
erzielbare Qualität. Einen typischen Verlauf zeigt Bild 85. Dabei ist eine anfängliche
Abnahme der Spurbreite durch Pulverzusatz erkennbar. Mit weiterer Steigerung der Streckenmasse nimmt die Spurbreite dann ständig zu. Die Schichtdicke erhöht sich bei kleiner
Streckenmasse nur unwesentlich. Ab einem Wert der Streckenmasse von $m_s \geq 6$ g/m steigt
auch sie stark an. Die Differenz zwischen Schichtdicke und Einschmelztiefe stellt die
Spurhöhe dar, welche mit der Streckenmasse ab ca. 4 g/m ansteigt.

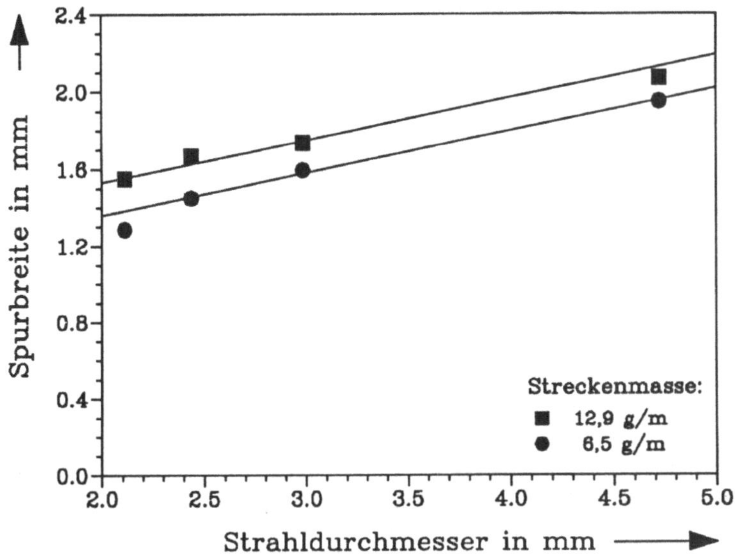

Bild 84   Spurbreite als Funktion des Strahldurchmessers beim Laserlegieren mit WC/Co-Pulver, P=3500 W, v=0,6 m/min.

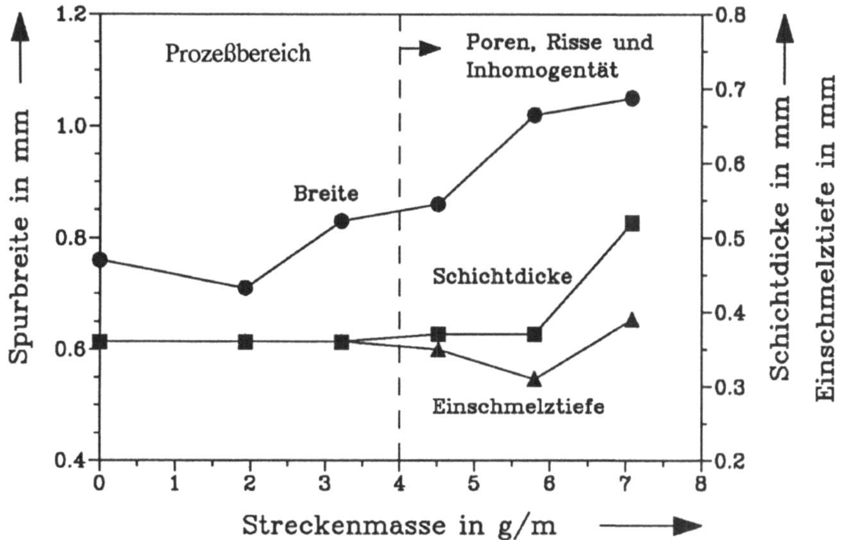

Bild 85   Die Spurgeometrie in Abhängigkeit von der Streckenmasse bei P=3500 W, I=2x10^5 W/cm², v=1,5 m/min.

Anders als beim Beschichten mit Stellit21 (Bild 69) ist die Legierungsrate (in Analogie zum Beschichten so bezeichnet) von der Intensität abhängig. Bild 86 zeigt eine Auftragung der

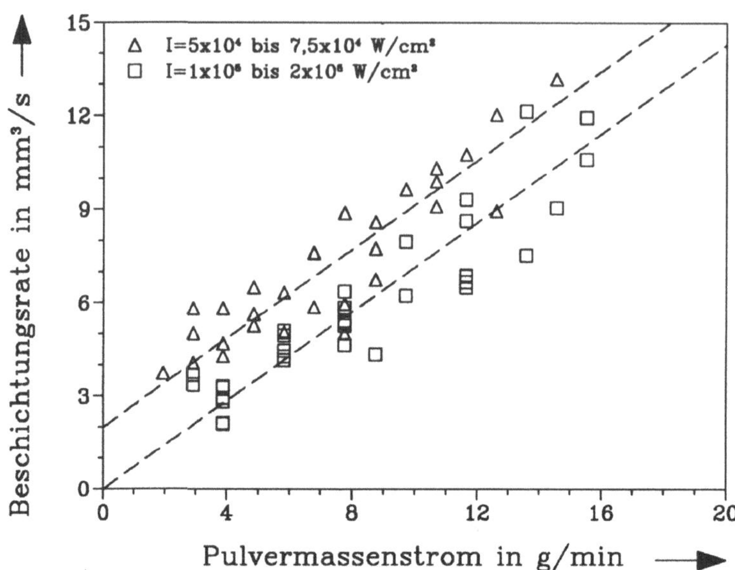

Bild 86   Die Legierungsrate als Funktion des Pulvermassenstroms beim Laserlegieren mit WC/Co-Pulver, P=3500 W.

Legierungsrate über dem Pulvermassenstrom, $\dot{m}_p$, dabei wird die gesamte Querschnittsfläche F für die Berechnung der Legierungsrate eingesetzt. Eine grobe Trennung der verschiedenen Intensitätsbereiche deutet jeweils auf eine lineare Beziehung zwischen der Legierungsrate und dem Pulvermassenstrom mit der gleichen Steigung hin. Bei niedrigeren Intensitäten ($5x10^4$ bis $7,5x10^4$ W/cm²) liegen alle Werte der Legierungsrate auf einer Gerade. Im Bereich der höheren Intensität (über 10^5 W/cm²) streuen die Werte der Legierungsrate stärker und sind kleiner als die bei niedrigeren Intensitäten.

Gefüge und Härte der Legierungen

Mit Hilfe der auf die Energiedichte bezogenen Streckenmasse kann die Abhängigkeit der Gefügefehler von der Pulverzufuhrmenge dargestellt werden. Bei einer bezogenen Strecken- masse kleiner als 0,035 g*mm/kJ wird WC vollständig aufgelöst. Infolge einsetzender Kon- vektionsbewegung in der Schmelze werden Wolfram und Kohlenstoff mit dem Grundwerk- stoff vermischt. Die Legierung erstarrt in einem homogenen, zellulär-dendritischen Gefüge. Im Zellinnern wird eine Martensit-Substruktur beobachtet. Gefügefehler wie Risse, Poren und Bindefehler sind nicht vorhanden, vereinzelt befinden sich erhaltengebliebene WC-Teilchen im Gefüge. Die Härte der Legierungsschicht liegt zwischen 500 und 1000 HV. Bild 87 stellt den homogenen Härteverlauf in einer mit WC-Pulver legierten Einzelspur dar.

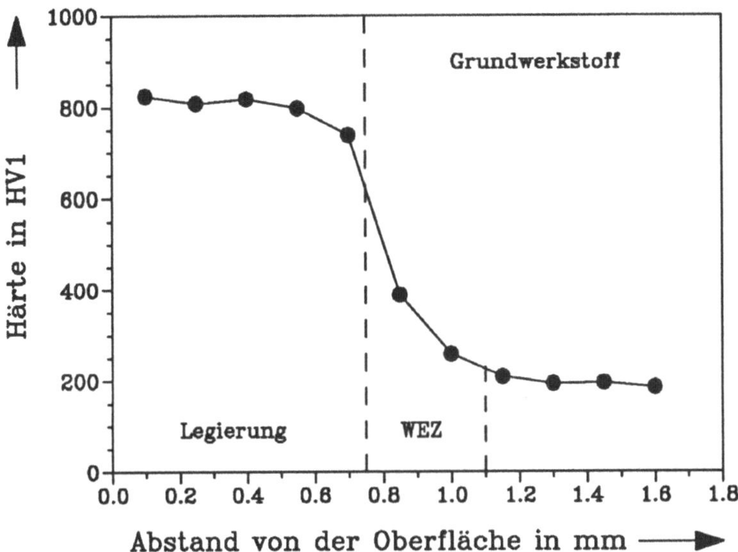

Bild 87   Härteverlauf einer mit WC/Co legierten Einzelspur bei P=3500 W, d_L=1,5 mm, v=1,5 m/min und Pulvermassenstrom $\dot{m}_P$=2,91 g/min.

Mit zunehmender Streckenmasse erhöht sich der Kohlenstoffgehalt in der Legierung. Übersteigt die auf die Energiedichte bezogene Streckenmasse den Grenzwert von 0,035 g*mm/kJ, treten infolge der Versprödung Risse auf. Es bleibt ein beträchtlicher Teil der WC-Teilchen in der Legierung erhalten. Aufgrund der hohen Konzentration scheidet sich der Kohlenstoff als Karbid, vorzugsweise des Typs M_6C, aus. Das Gefüge wird inhomogen und besteht aus dendritisch erstarrter Metallmatrix und nicht aufgelösten Karbidteilchen, ausgeschiedenen Karbiden und Eutektoiden. Die Härte bei großen Mengen von Karbiden kann weit höher als 1000 HV sein. Neben der Rißbildung und Inhomogenität treten hierbei grobe Poren auf, die wegen der hohen Abkühlgeschwindigkeit vorzugsweise am Rand des Schmelzbads "eingefroren" bleiben. Die Porengröße ist unterschiedlich, sie reicht von einigen µm bis zu einigen zehntel Millimetern.

Die Porenbildung ist auf die Gaseinschlüsse in der Schmelze und die unzulängliche Ausgasung zurückzuführen. Als Ursachen für die Entstehung der Gaseinschlüsse sind Gasreaktionen zwischen elementarem Kohlenstoff und dem durch Konvektion in die Schmelze eingemischten Sauerstoff denkbar. Anderseits kann es auch sein, daß umgebende Luft durch die heftige Konvektionsbewegung oder bei der Pulverinjektion in die Schmelze eingebracht wird. Als dritte Möglichkeit ist die Verdampfung einiger leicht verdampfenden Bestandteile zu nennen.

Der Grund für eine erschwerte Ausgasung ist die geringere Viskosität der Schmelze bei
großer bezogener Streckenmasse. Das kalte, ins Schmelzbad geförderte WC-Pulver wirkt
dabei als Wärmesenke und führt zur Absenkung der Schmelzbadtemperatur und somit zur
Erhöhung der Viskosität. Daher bleiben mehr Gaseinschlüsse nach der Erstarrung im Material
"eingefroren".

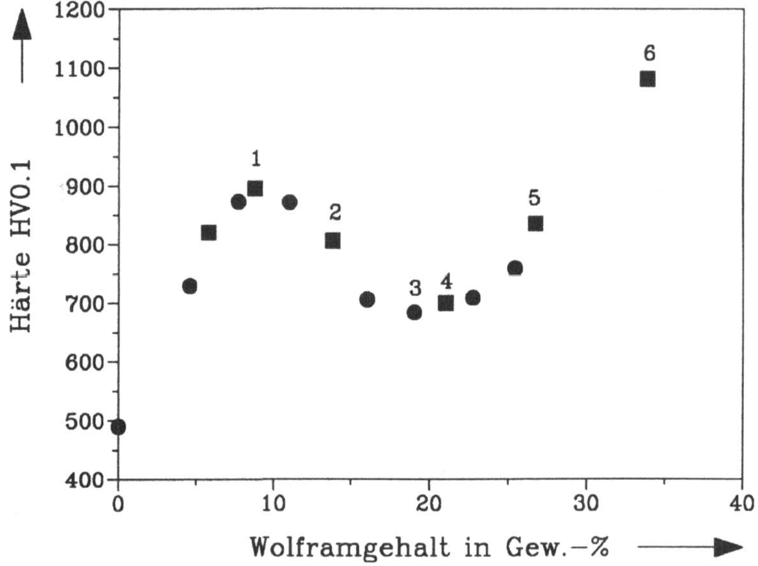

Bild 88   Härte als Funktion der Wolframkonzentration in der Legierung. Die REM-Aufnahmen der numerierten Punkten werden in Bild 89 gezeigt.

Der Härte-Verlauf in der Legierungsschicht ist bei kleiner bezogener Streckenmasse dem
Härteverlauf beim Legieren mit Kohlenstoff ähnlich (Bild 81). Bild 88 stellt den Zusammen-
hang zwischen der erzielten Härte und dem Wolframgehalt in den Legierungsschichten dar.
Aufgrund des stöchiometerischen Verhältnisses vom Wolfram und Kohlenstoff in WC-
Pulvern läßt sich die Abszisse durch die Kohlenstoffkonzentration ersetzen. Der Verlauf zeigt
einen Anstieg bis zu einem Maximum im Bereich kleinen Wolframgehalts, einen darauf-
folgenden Abfall und einen stetigen Anstieg bei hohem Wolframgehalt. Bild 89 zeigt sechs
REM-Aufnahmen des Gefüges entsprechend den markierten Punkten in Bild 88. Bei den
Punkten 1 bis 3 sind Dendrite mit martensitischem Gefüge zwischen dem Karbidnetz deutlich
zu erkennen. Bei den Punkten 4 bis 6 hingegen sind überwiegend Karbide im Gefüge
sichtbar. Beispielsweise wird durch ein dreistündiges Anlassen bei 600°C die Härte im
Bereich des Maximums wieder abgebaut. Daher liegt es nahe, die Härte im Bereich des
Maximums mit Martensitbildung zu erklären. Mit steigendem Wolframgehalt nimmt der

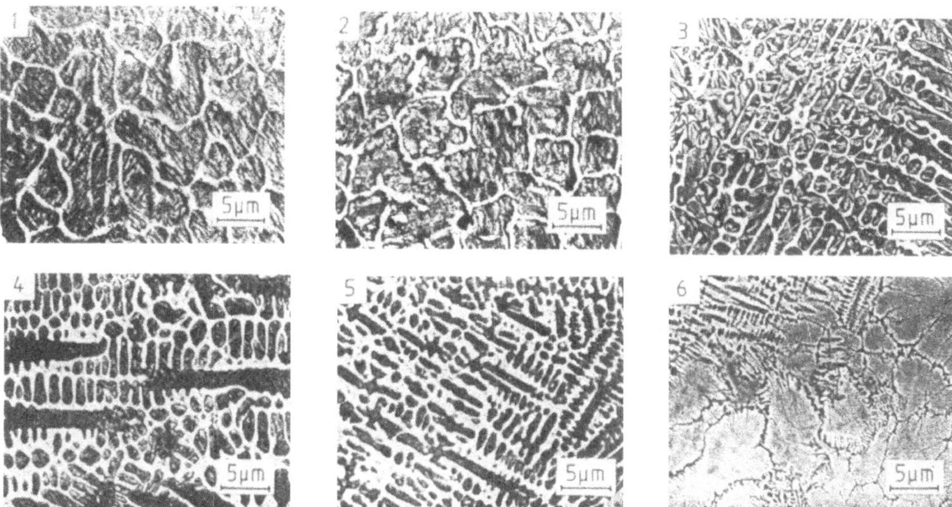

Bild 89   Gefügeaufnahmen der im Härte-Diagramm (Bild 88) markierten Punkte [102].

Karbidanteil im Gefüge zu (Bild 89). Der zweite stetige Anstieg ist also auf den wachsenden Karbidanteil zurückzuführen.

6.5 Dispergieren mit WC/Co-Pulver

Zur Erhöhung der abrasiven Verschleißfestigkeit ist es wünschenswert, nicht nur hohe Härte, sondern auch große Mengen an Hartstoffphasen mit geeigneter Partikelgröße in die Oberflächenschichten einzubringen. Allerdings wurde im letzten Abschnitt festgestellt, daß die Gefügestruktur der behandelten Schichten bei großem WC/Co-Pulverzusatz durch starke Riß- und Porenbildung sowie ausgeprägte Inhomogenität geprägt ist. Die Ursache liegt in der starken Karbidauflösung, die zu einer erheblichen Übersättigung des Kohlenstoffs im Gefüge führt. Mit der Vermeidung der Karbidauflösung lassen sich einerseits die Probleme mit der Riß- und Porenbildung durch Wegfallen der Kohlenstoffübersättigung lösen und anderseits bleiben mehr Hartstoffphasen im Gefüge erhalten. Das direkte Dispergieren ist eine der Möglichkeiten zur Minimierung der Karbidauflösung.

Beim Laserdispergieren wird durch geeignete Wahl der Prozeßparameter ein Schmelzbad aus Substratmaterial erzeugt. In das Schmelzbad werden Hartstoffpartikel möglichst ohne Auflösung gemischt. Bei Intensitäten oberhalb $2{,}5 \times 10^4$ W/cm^2 tritt jedoch starke Karbidauflösung ein. Dabei wird ein Dispersionsgefüge nur zonenweise hergestellt. Die ausgeprägte Inhomogenität und hohe Rißdichte machen diese Schichten für den Verschleißschutz unbrauchbar.

Bei einer Intensität von 2×10^4 W/cm² ist die Erzeugung eines homogenen Dispersionsgefüges jedoch möglich.

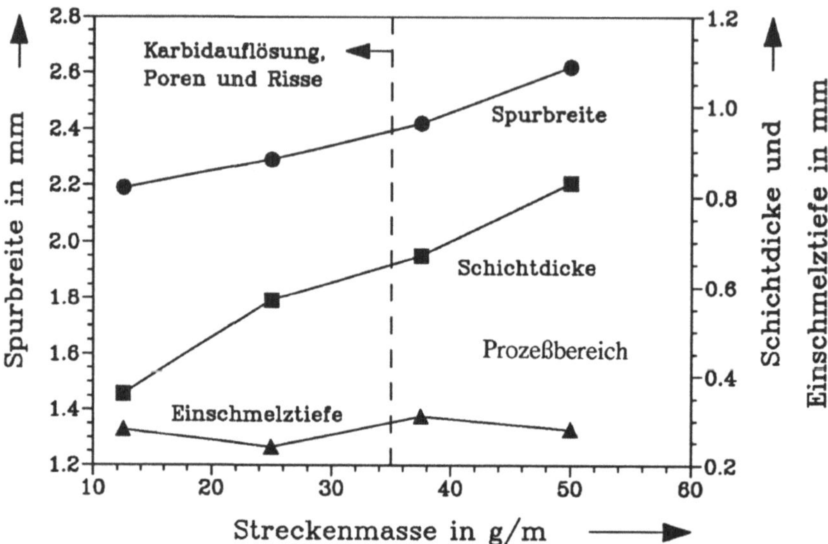

Bild 90   Geometrische Größen der Einzelspuren als Funktion der Streckenmasse beim direkten Dispergieren, P=3500 W, I=2×10^4 W/cm², v=0,4 m/min.

Bild 91   REM-Aufnahme eines typischen Dispersionsgefüges mit erhaltenen WC-Teilchen, P=3500 W, I=2×10^4 W/cm², v=0,3 m/min, m_s=15,5 g/m.

Bild 90 stellt den Einfluß der Streckenmasse auf die Spurbreite, Schichtdicke und die Einschmelztiefe bei einer Intensität von 2×10^4 W/cm^2 dar. Die Einschmelztiefe liegt im gesamten Bereich unabhängig von der Streckenmasse bei ca. 0,3 mm. Die Schichtdicke steigt hingegen infolge des Volumenwachstums direkt mit der Streckenmasse. Die Karbidauflösung hängt ebenfalls stark von der Streckenmasse ab. Bei geringerer Pulverzufuhr führt dies zu einer stärkeren Erhitzung des Schmelzbads. Die WC-Partikel werden dadurch verstärkt aufgelöst. Erst wenn die Streckenmasse 40 g/m überschreitet, bleibt ein großer Teil der Karbidpartikel in den Spuren nach der Erstarrung erhalten. Bild 91 zeigt eine typische REM-Aufnahme einer Dispersionsspur mit erhaltengebliebenen WC-Teilchen. Im Vergleich zu dem zugeführten WC-Pulver sind diese Karbide jedoch kleiner. Daraus ist abzuleiten, daß während des Prozesses die Karbidauflösung nicht vollständig verhindert werden konnte.

Die Untersuchungen zeigen, daß die Rißhäufigkeit der Schichten mit gut ausgebildetem Dispersionsgefüge im Vergleich zu den Schichten mit hoher Karbidauflösung deutlich niedriger ist. Dies läßt sich mit geringerer Sprödigkeit infolge niedrigerer Kohlenstoffkonzentration in der Matrix erklären. Außerdem ist der Wärmeausdehnungskoeffizient des Wolframkarbids mit $5,6\times10^{-6}$ K^{-1} im Vergleich zu dem der Eisenmatrix (16×10^{-6} K^{-1}) geringer [105,106]. Die Schrumpfspannungen, die durch Erstarrung und Abkühlung verursacht werden, sind umso geringer, je höher der Anteil der nicht aufgelösten WC-Teilchen im Gefüge ist. Es treten jedoch auch bei dispergierten Spuren einige Querrisse an der Oberfläche auf.

Die Karbidauflösung findet schon bei einer Temperatur unter dem Schmelzpunkt des WC statt. Im System W, C und Co geht das ternäre Eutektikum schon ab 1280°C in die Schmelze [107]. Die Auflösung des WC/Co-Pulvers wird durch die temperaturabhängige Löslichkeit von WC in die umgebende Schmelze bestimmt. Wenn guter Kontakt zwischen der Schmelze und den festen Karbidteilchen aufgrund einer guten Benetzung und einer heftigen Konvektionsbewegung besteht und wenn die Lebensdauer der Schmelze lang genug ist, lösen sich die Karbidteilchen in der Schmelze so lange auf, bis die Löslichkeitsgrenze erreicht wird. In der Laseroberflächenbehandlung wird aufgrund der kurzen Lebensdauer des Schmelzbads das thermodynamische Gleichgewicht in den meisten Fällen nicht hergestellt. Die Karbidauflösung ist daher von den Löslichkeitsgrenzen der verwendeten Werkstoffe, der Temperatur sowie der Lebensdauer des Schmelzbads abhängig. Sie wird zusätzlich durch die Schmelzbadbewegung beeinflußt. Je länger die Wechselwirkungszeit und je intensiver die Konvektionsbewegung ist, desto höher ist der Auflösungsgrad des Karbids.

6.6 Erzeugung von Dispersionsgefügen durch Beschichtung

Die Löslichkeit von Wolframkarbid in der Eisenschmelze ist laut [108] hoch, bei Nickelbasis-
hartlegierungen jedoch relativ niedrig [42]. Die Eigenspannungen in den laseraufgetragenen
Nickelbasislegierungsschichten sind niedriger als in den der Kobaltbasislegierung (2.6). Daher
ist es sinnvoll, an Stelle des Eisens eine Nickelbasislegierung (in dieser Arbeit eine NiCrBSi-
Legierung mit dem Handelsnamen Nicrobor20) als metallische Matrix des Dispersionsgefüges
zu verwenden. Das NiCrBSi-Pulver als Matrixbildner zeichnet sich durch eine niedrige
Schmelztemperatur, gute Fließfähigkeit und bei WC-Pulvern zusätzlich durch eine gute
Benetzbarkeit aus. Die chemische Zusammensetzung ist der Tabelle 17 zu entnehmen. Das
Mischungsverhältnis wurde mit 60 Gewichts-% WC/Co- und 40 Gewichts-% NiCrBSi-
Pulvern festgelegt.

Tabelle 17   Chemische Zusammensetzung des verwendeten NiCrBSi-Pulvers (nach An-
                   gabe des Herstellers).

Element	C	Si	Cr	Ni	B	Fe
Gew.-%	0,05	2,3	-	Rest	1,3	0,5

Für die Versuche wurde die Strahlintensität von 5×10^3 bis $7,5 \times 10^4$ W/cm^2, die Geschwindigkeit von 0,1 bis 0,6 m/min und die Streckenmasse von 4 bis 90 g/m variiert. Die Abhängigkeit der Spurgeometrie von den Prozeßparametern ist ähnlich wie beim Beschichten mit
Stellit21. Im folgenden werden die Ergebnisse dargestellt.

6.6.1 Einfluß des Strahldurchmessers

Bei einer konstanten Laserleistung wurde die Variation der Intensität durch Einstellung des
Strahldurchmessers realisiert. Bild 92 zeigt Querschnittsaufnahmen der Einzelspuren bei
unterschiedlichen Strahlintensitäten. Die Spuren bei Intensitäten kleiner als 2×10^4 W/cm^2
weisen keine Einschmelzungen des Substratmaterials auf. Sobald aber die Intensität $2,5 \times 10^4$
W/cm^2 überschreitet, dringt das Schmelzbad ins Substrat ein. Gleichzeitig werden mehr Karbidteilchen aufgelöst. Grobe Poren und eventuell Risse in den Spuren sind die Folge. Daraus
läßt sich auch beim Beschichten mit dem Pulvergemisch auf eine hohe Schmelzbadtemperatur, hervorgerufen durch die hohe Strahlintensität, schließen.

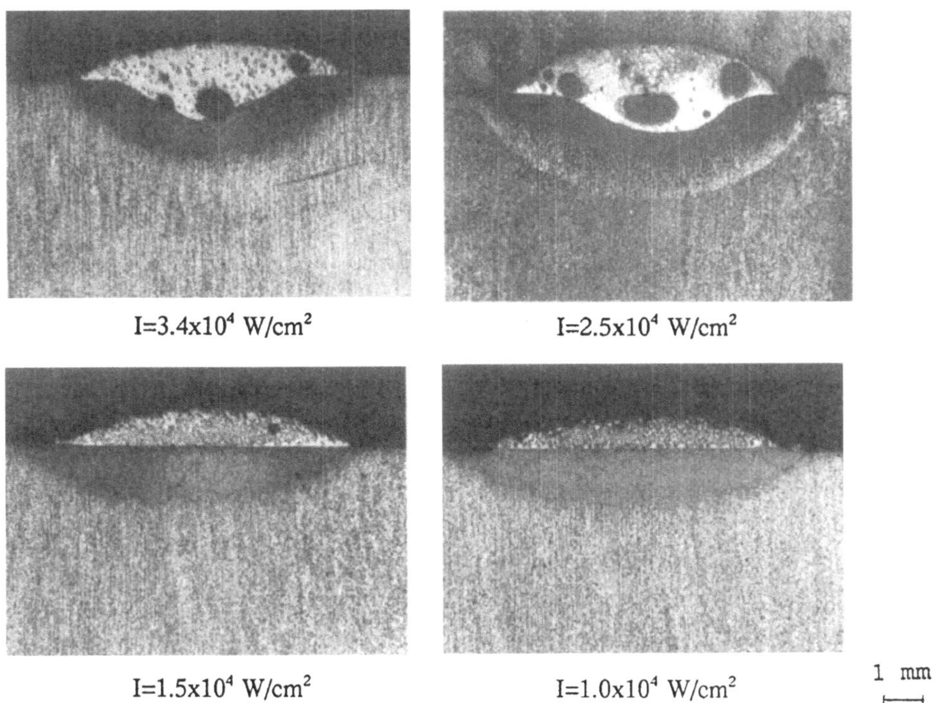

Bild 92 Querschnittsaufnahmen der Einzelspuren bei verschiedenen Intensitäten, Prozeßparameter wie in Bild 93.

Die Spurbreite nimmt mit kleiner werdendem Strahldurchmesser (wachsender Intensität) ab
(Bild 93). Die Einschmelztiefe und Schichtdicke verlaufen parallel und steigen ab einem Wert
von $1{,}5\times10^4$ W/cm² stark an. Die Spurhöhe, welche die Differenz zwischen der Schichtdicke
und Einschmelztiefe darstellt, wird durch die ins Schmelzbad aufgenommene Pulvermenge
bestimmt. Sie ändert sich dabei jedoch nur unwesentlich. In Bild 93 wird ein starker Anstieg
der Einschmelztiefe oberhalb der Intensität $1{,}5\times10^4$ W/cm² deutlich.

6.6.2 Einfluß der Geschwindigkeit

Mit der Geschwindigkeit ändert sich die Wechselwirkungszeit und die Energiedichte der
Bestrahlung. Bild 94 stellt Querschnittsaufnahmen der Einzelspuren bei unterschiedlichen
Vorschubgeschwindigkeiten dar. Bei kleiner Geschwindigkeit, entsprechend einer hohen
Energiedichte, ist die aufgebrachte Laserenergie zu hoch um nur das Pulver aufzuschmelzen.
Auch hier gilt, daß die überschüssige Energie eine höhere Schmelzbadtemperatur, Ein-

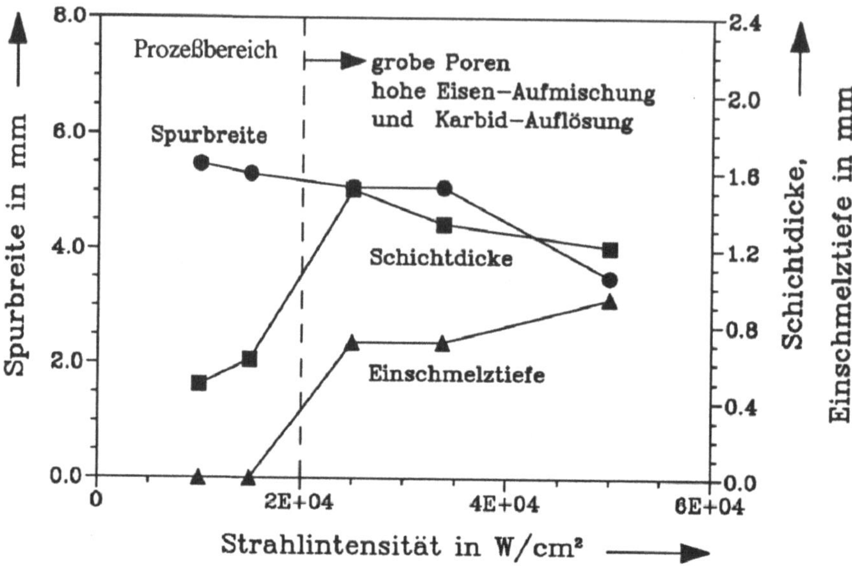

Bild 93   Die geometrische Größen der Einzelspuren beim Beschichten von Verbundpulvern, P=3500 W, v=0,4 m/min und m_s=20,9 g/m.

schmelztiefe, Karbidauflösung und verstärkte Porenbildung verursacht. Dieses Verhalten ist in Bild 95 graphisch wiedergegeben. Mit steigender Geschwindigkeit geht die Einschmelztiefe zurück. Die Härte des Dispersionsgefüges (Verbundhärte), gemessen bei einer Prüflast von 10 kg, ist bei hoher Geschwindigkeit größer. Dies kann durch den niedrigeren Aufmischungsgrad und damit geringeren Eisengehalt im Matrixgefüge erklärt werden, denn die Härte der Nickelbasis-Hartlegierungen nimmt mit der Eisenaufmischung ab [26].

Die Geschwindigkeit, unterhalb der kein nennenswerte Aufmischung stattfindet, verschiebt sich zu niedrigeren Werten, falls die Strahlintensität kleiner oder die Streckenmasse größer gewählt wird.

6.6.3 Einfluß der Streckenmasse

Bei einer niedrigen Intensität von $I=10^4$ W/cm² ist die Einschmelzung vernachlässigbar gering. Während die Spurbreite nur geringfügig mit der Streckenmasse zunimmt, steigt die Spurhöhe deutlich, gemäß einer linearen Funktion (Bild 96), an. Qualitativ ist die Zunahme der Höhe auch aus Bild 97 ersichtlich. Es ist daher klar, daß das Formverhältnis mit der Streckenmasse sinkt.

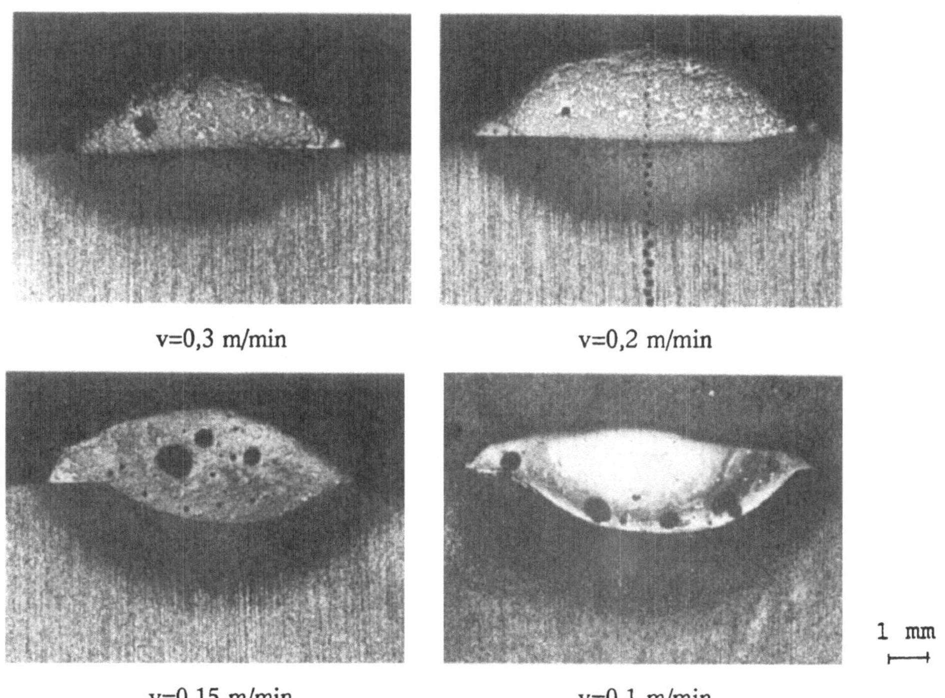

Bild 94   Querschnittsaufnahmen der Einzelspuren bei verschiedenen Geschwindigkeiten.

Dieses Verhalten setzt voraus, daß die gewählte Energiedichte der Bestrahlung so groß ist, daß das mit steigender Streckenmasse mehr geförderte Pulver auch vom Schmelzbad aufgenommen werden kann. Jedoch darf eine gewisse Höhe der Energiedichte nicht überschritten werden, damit keine Einschmelzung ins Substrat auftritt. Wenn die Streckenmasse weiter steigt, kühlt sich das Schmelzbad infolge der Zufuhr des kalten Pulvers ab. Aufgrund der erhöhten Oberflächenspannung der Schmelze zieht sich die Spur in die Mitte zusammen. Die Spurbreite nimmt bei gleichzeitiger Zunahme der Spurhöhe (Bild 98) ab. Wegen des kleinen Formverhältnisses ist eine derartige Spur nicht für eine überlappende Oberflächenbeschichtung brauchbar. Bei weiterer Zunahme der Streckenmasse wird eine stoffschlüssige Verbindung zum Substrat nicht hergestellt.

6.6.4 Relative Einschmelztiefe und Beschichtungsrate

Die relative Einschmelztiefe wird über der auf die Energiedichte bezogenen Streckenmasse für verschiedene Intensitätswerte aufgetragen (Bild 99). Für Intensitätswerte im Bereich

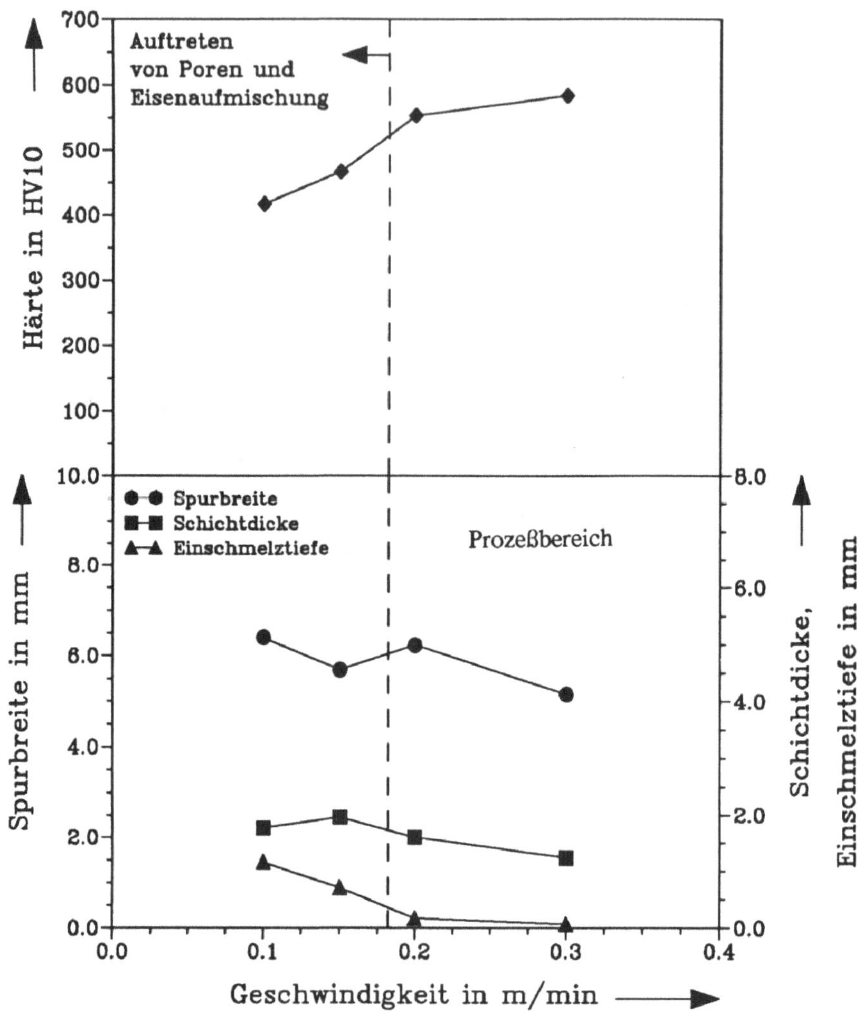

Bild 95   Der Einfluß der Geschwindigkeit auf die Härte und die geometrischen Größen der Einzelspuren.

zwischen 5×10^3 bis 10^4 W/cm² ist die relative Einschmelztiefe mit der verwendeten Meßmethode nicht erfaßbar. In diesem Intensitätsbereich ist es sicher, daß die Einschmelzung ins Substrat sehr gering gehalten werden kann. Der Intensitätsbereich von $1,5 \times 10^4$ bis 2×10^4 W/cm² stellt einen Übergangsbereich dar. Die Einschmelztiefe kann bei geeigneter Wahl der bezogenen Streckenmasse auf Null gehalten werden. Man erhält hierbei eine höhere Beschichtungsrate als bei einer niedrigeren Intensität (s. unten). Im Falle einer Fehleinstellung der Prozeßparameter (z.B. zu kleiner Pulvermassenstrom oder zu geringe Vorschubgeschwindigkeit) kann aber die relative Einschmelztiefe schnell auf einen höheren Wert steigen. Dieser

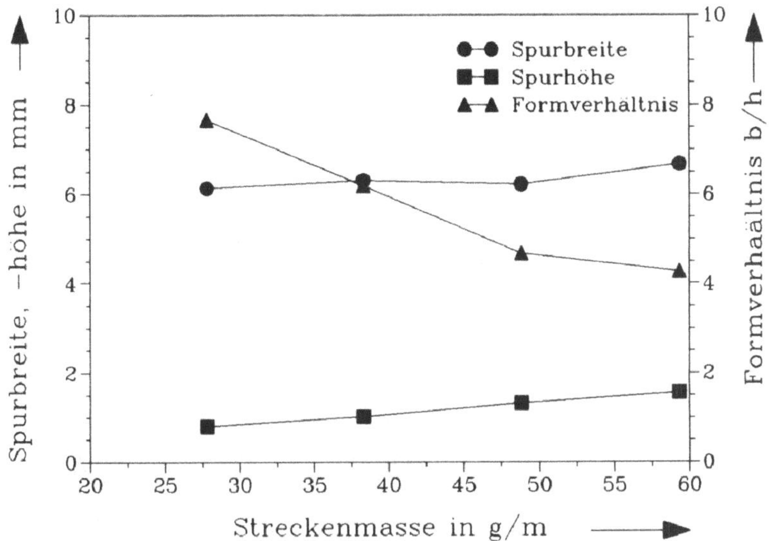

Bild 96   Die Spurbreite und -höhe sowie das Formverhältnis als Funktion der Strecken-masse, P=3500 W, I=10^4 W/cm^2.

Intensitätsbereich ist für das Beschichten der Risikobereich. Bei einer Intensität höher als 2,5x10^4 W/cm^2 steigt nicht nur die relative Einschmelztiefe, vielmehr sind die Beschichtungs-spuren mit beachtlichen Strukturfehlern behaftet. Dieser Bereich ist für das Beschichten nur bei großem Pulverzusatz verwendbar.

Bild 99 stellt dieses Verhältnis anhand der relativen Einschmelztiefe in Abhängigkeit von der auf die Energiedichte bezogenen Streckenmasse anschaulich dar. Daraus ist zu schließen, daß eine geringe relative Einschmelztiefe erst bei einer bezogenen Streckenmasse größer als 0,35 g*mm/kJ realisiert werden kann.

Bereits beim Beschichten mit Stellit21 wurde gezeigt, daß die Beschichtungsrate eine Funk-tion des Pulvermassenstroms darstellt (6.3.1). In Bild 100 wird die Beschichtungsrate über dem Pulvermassenstrom aufgetragen. Bei den Intensitäten bis 10^4 W/cm^2 liegt die Beschich-tungsrate auf einer Geraden. Daraus läßt sich eine empirische Beziehung ableiten:

$$F \cdot v = 1,90 \, \dot{m}_p \, , \qquad (29)$$

wobei die Beschichtungsrate in g/mm^3 und der Pulvermassenstrom in g/min einzusetzen ist. In diesem Intensitätsbereich ist die Einschmelzung ins Substrat sehr gering. Bei einer höheren Intensität (größer als 1,5x10^5 W/cm^2, im Risikobereich) werden WC/Co-Teilchen in der Schmelze teilweise aufgelöst und dafür wird ein Teil der eingekoppelten Energie verbraucht.

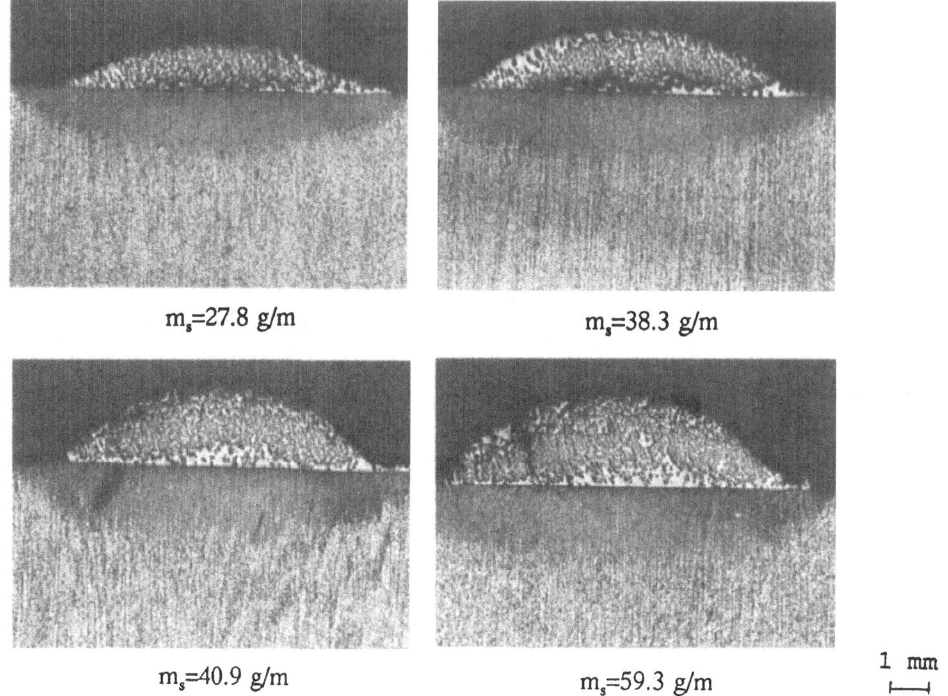

Bild 97   Querschnittsaufnahmen der Einzelspuren bei variierter Streckenmasse, die Prozeßparameter wie in Bild 96.

Die Beschichtungsrate liegt dann unter der oben angegebenen Gerade (Bild 100).

6.6.5 Überlappung der Einzelspuren

Die Einzelspuren bei der Laserbeschichtung besitzen linsenförmige Querschnitte. Es ist daher
ein großer Überlappungsgrad notwendig, damit eine gute Oberflächenqualität der Beschichtungen gewährleistet wird. In Bild 101 sind überlappte Schichten für Überlappungsgrade von
43, 50 und 57% zu sehen. Bei dem niedrigen Überlappungsgrad von 43% ist die Schichtdicke
nicht gleichmäßig. Es ist neben der größeren Einschmelztiefe auch eine beträchtliche Inhomogenität der Schicht zu erkennen. Mit zunehmendem Überlappungsgrad steigt die
Schichtdicke, und es werden mehr und gleichmäßiger verteilte erhaltengebliebene Karbide in
der Schicht beobachtet. Außerdem sinkt die Einschmelztiefe bzw. die Eisenaufmischung. Bei
zu großem Überlappungsgrad (57%) nimmt die Schichtdicke im Laufe des Überlappungsvor-
gangs zu. Als Optimum ist ein Überlappungsgrad von 50% anzusehen.

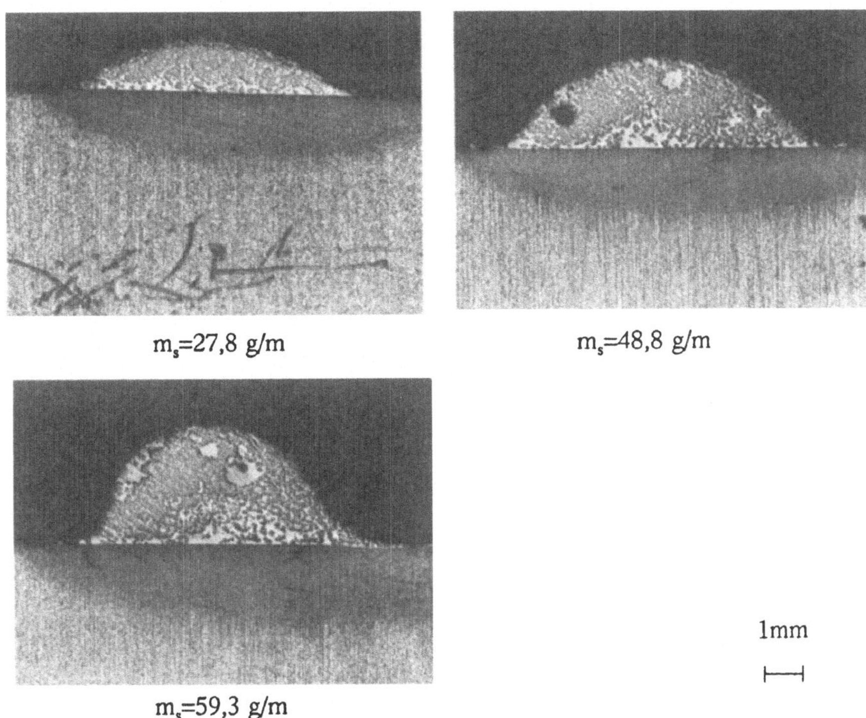

Bild 98 Änderung des Formverhältnisses der Einzelspuren bei Variation der Streckenmasse, P=3500 W, I=7,5x10^3 W/cm^2, v=0,3 m/min.

Genauso wie bei Einzelspuren steigt die Beschichtungsrate bei Überlappungen mit der Streckenmasse (Bild 102). Der Überlappungsgrad hat im untersuchten Bereich keinen großen Einfluß auf die Beschichtungsrate.

Bild 103 stellt eine Überlappungsschicht mit großer Einschmelztiefe, bei zu hoher Energiedichte für die Einzelspur, dar. Neben der hohen Karbidauflösung tritt auch verstärkte Porenbildung in der ersten Spur der Überlappungsschicht auf. Schon in der zweiten Spur geht die Einschmelzung zurück. Bei der restlichen Beschichtung treten damit neben kleinerer Eisenaufmischung auch eine geringere Karbidauflösung auf. Die Beschichtung zeigt damit einen "Selbstheilungseffekt". Dies läßt sich wie folgt erklären. Bei der Überlappung wird ein Teil der nachfolgenden Spur auf das bereits aufgetragene Beschichtungsmaterial gelegt. Aufgrund seines niedrigeren Schmelzpunkts stellt das bereits aufgetragene Beschichtungsmaterial eine Art Wärmesenke dar. Wenn überschüssige Laserenergie ins Schmelzbad zugeführt wird, erreicht die Schmelzbadtemperatur zunächst den Schmelzpunkt des Beschichtungsmaterials, welches umgeschmolzen wird. Damit wird dem Schmelzbad Energie entzogen und so das Aufschmelzen des Substratmaterials verhindert.

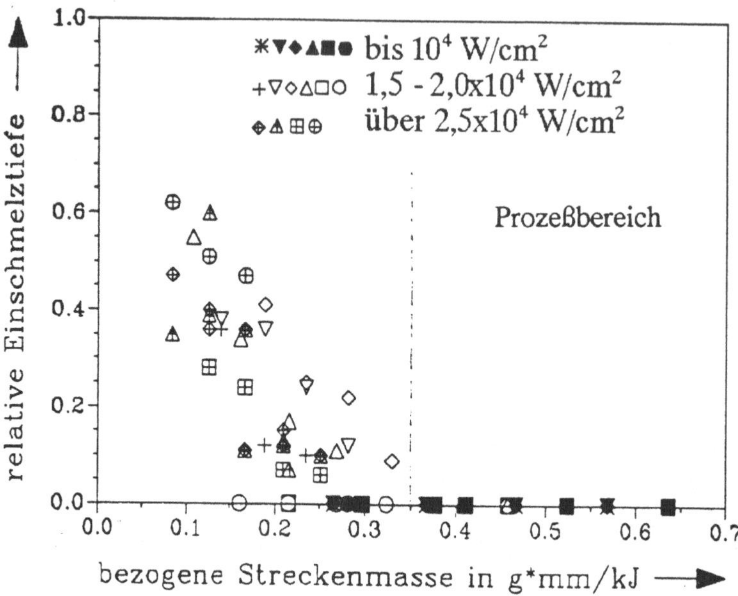

Bild 99   Relative Einschmelztiefe als Funktion der auf die Energiedichte bezogenen Streckenmasse beim Beschichten mit dem WCCo/NiCrBSi-Pulvergemisch.

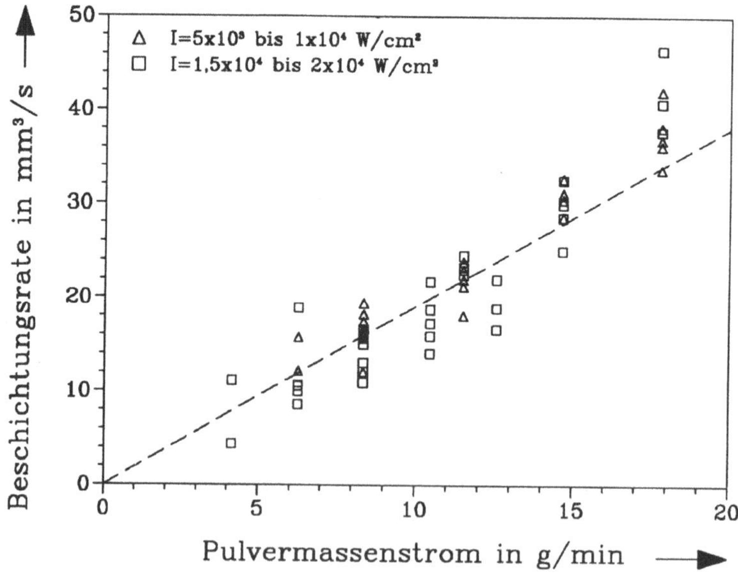

Bild 100   Beschichtungsrate (F_1 v) als Funktion des Pulvermassenstroms beim Beschichten mit dem Pulvergemisch WCCo/NiCrBSi.

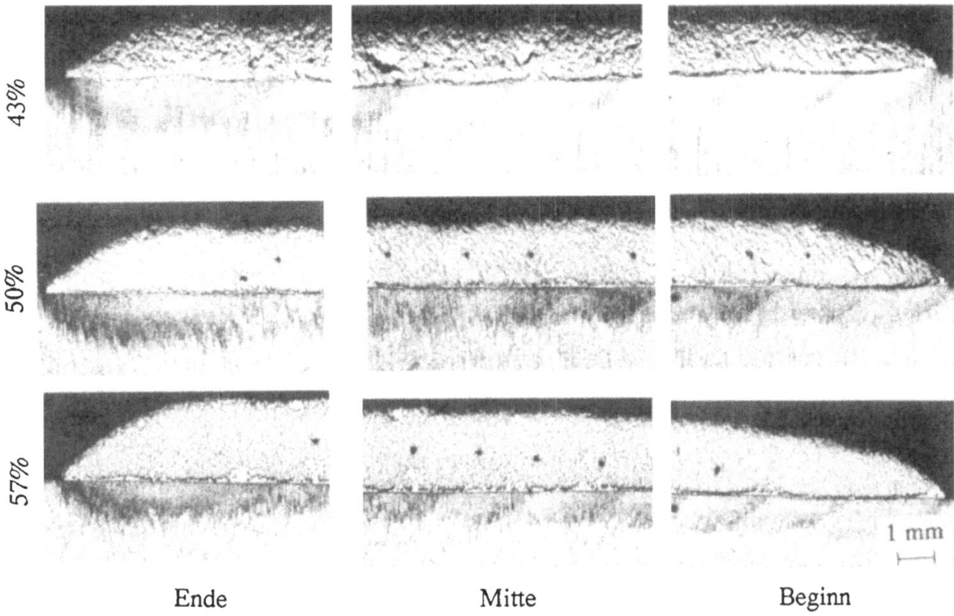

Bild 101 Einfluß des Überlappungsgrades. Die schwarzen Punkte sind die Spuren der Härtemessungen, P=3500 W, I=2,5x10⁴ W/cm², v=0,2 m/min und m_s=63 g/m.

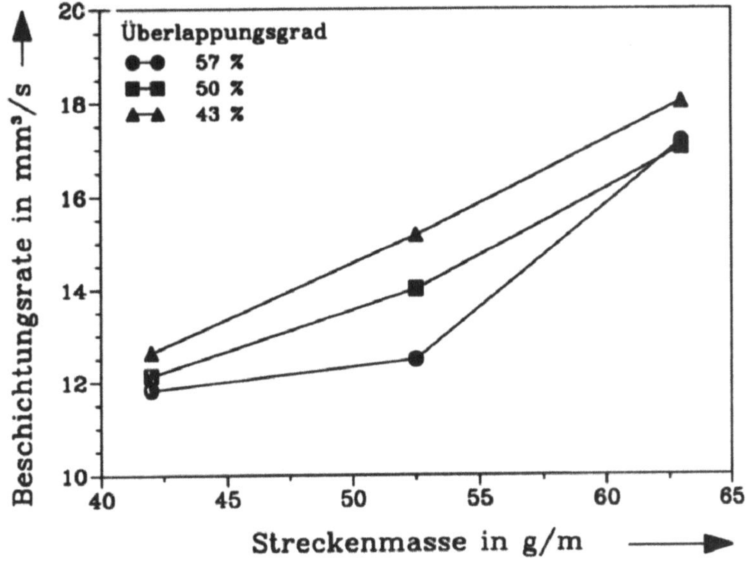

Bild 102 Einfluß des Überlappungsgrads und der Streckenmasse auf die Beschichtungsrate.

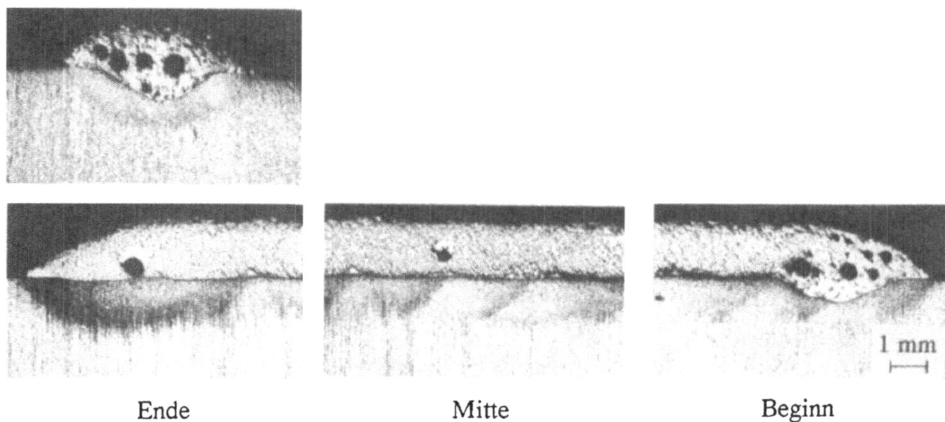

Bild 103   Überlappung bei einer zu hohen Energiedichte.

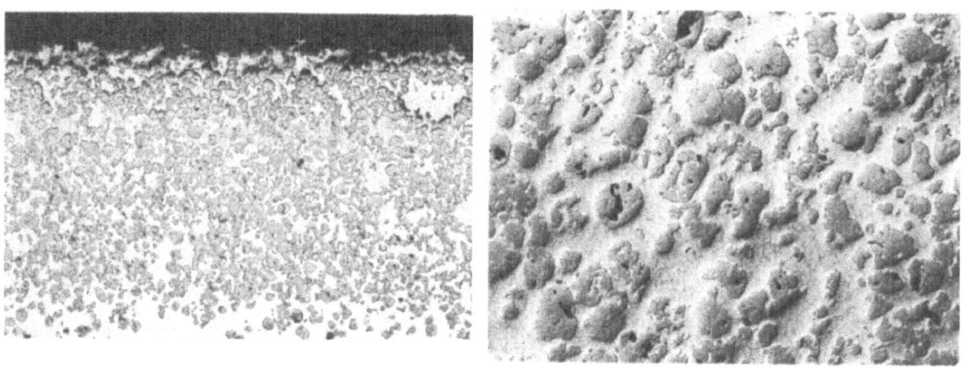

Bild 104   Aufnahmen einer mit WC-NiCrBSi-Pulvergemisch beschichteten Oberflächenschicht mit erhaltengebliebenen Karbidteilchen sowie metallischer Matrix.

Die mit dem Pulvergemisch WCCo/NiCrBSi beschichteten Verschleißschutzschichten weisen
ein gleichmäßiges Dispersionsgefüge mit einer dendritisch erstarrten NiCrBSi-Matrix und
WC-Teilchen in der Größenordnung von 50 µm auf. Bild 104 (links) zeigt eine Übersicht mit
erhaltengebliebenen WC-Teilchen. Bild 104 (rechts) ist ein vergrößerter Ausschnitt. Die
durch EDX-Messungen bestimmte Eisenkonzentration in der Metallmatrix liegt unter 3%.
Dies ist ein Nachweis für den außergewöhnlich geringen Aufmischungsgrad. Die durch-
schnittliche Härte beträgt 550 HV10. Im Vergleich zu den direkt dispergierten Schichten ist
dieser Wert niedrig. Anderseits sind bei diesen Dispersionsschichten aufgrund der relativ
duktileren Matrix bessere Gebrauchseigenschaften unter mechanischen Beanspruchungen zu

erwarten als bei den direkt dispergierten Schichten (6.5). Desweiteren ist zu erwarten, daß die Dispersionsschichten mit einer NICrBSi-Matrix aufgrund des hohen Nickelgehalts zusätzlich eine hohe Korrosionsbeständigkeit aufweisen.

6.7 Vergleich der Prozesse

6.7.1 Beschichtungsrate

Aus Bild 69 läßt sich eine Beziehung zwischen der Beschichtungsrate (F_1*v) und dem Pulvermassenstrom herstellen:

$$F_1\, v = C \cdot \dot{m}_p \, , \qquad (30)$$

mit C=1,29 g/min*s/mm³ für das Beschichten mit Stellit21. In der Formel werden die Beschichtungsrate in mm³/s und der Pulvermassenstrom in g/min angegeben. Bild 105 zeigt die Beschichtungsrate in Abhängigkeit vom Pulvermassenstrom bei unterschiedlichen Laserleistungen. In jeder Meßreihe (bei konstanter Leistung) wurden Intensität, Streckenmasse und Vorschubgeschwindigkeit variiert. Die Meßreihe bei P=500 W sind aufgrund des nicht genau einzustellenden Leistungswertes mit größeren Abweichungen von der Formel (30) behaftet.

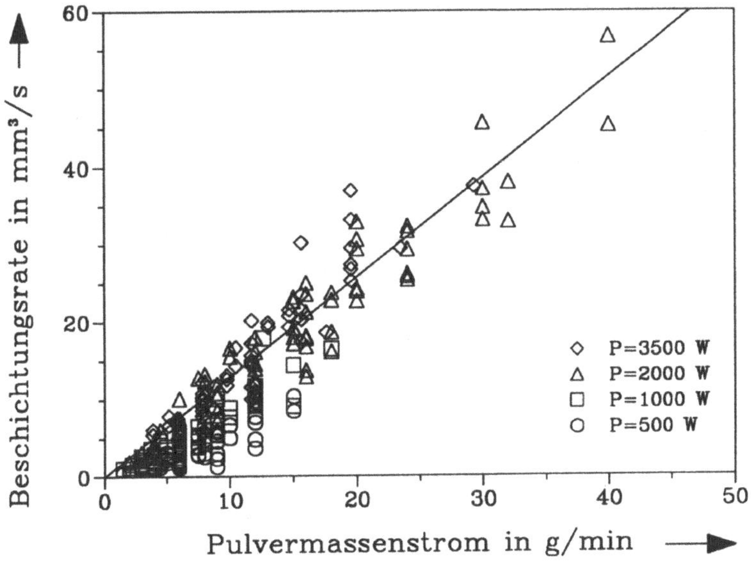

Bild 105 Die Beschichtungsrate der Kobaltbasishartlegierung Stellit21 als Funktion vom Pulvermassenstrom bei unterschiedlichen Leistungen.

Mit dieser Beziehung läßt sich für jeden eingestellten Pulvermassenstrom die zu erwartende Beschichtungsrate ermitteln. Bild 106 zeigt eine Gegenüberstellung der nach Formel (30) berechneten und der experimentell bestimmten Beschichtungsrate für Stellit21. Es werden Einzelspuren bei allen durchgeführten Parameterkombinationen (P=3500 W) aufgetragen. Die beiden gestrichelten Linien kennzeichnen die Fehlergrenzen von ±20%. Es ist eine relativ gute Übereinstimmung der berechneten mit den experimentell bestimmten Werten zu erkennen.

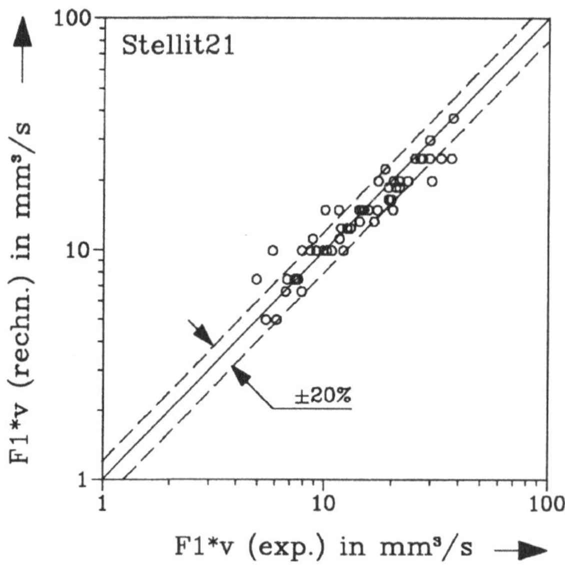

Bild 106   Vergleich der mit der empirischen Formel (30) berechneten Beschichtungsrate mit den experimentell ermittelten.

Diese beim Beschichten von Stellit21 gewonnene empirische Beziehung wird anhand der Beschichtungen mit StellitF und NiCrBSi überprüft. Der Proportionalfaktor C in Formel (30) beträgt beim Beschichten mit StellitF 1,57 und mit NiCrBSi 1,67. Ähnlich wie das Bild 106 werden auch für diese Pulver die berechneten mit den experimentellen Daten verglichen (Bild 107 und Bild 108). Es ist auch hier eine gute Übereinstimmung erkennbar. Für das Pulvergemisch (60%WC+40%NiCrBSi) beträgt der Faktor 1,90, vgl. Formel (29).

Im Vergleich zum Beschichten, bei dem die Beschichtungsrate im Bereich von 5 bis 50 mm³/s liegt, ist die Legierungsrate beim Legieren mit WC/Co mit 4 - 12 mm³/s recht niedrig. Der Grund liegt wohl an dem höheren Leistungsverlust durch Wärmeleitung im Falle des Legierens (4.5.4).

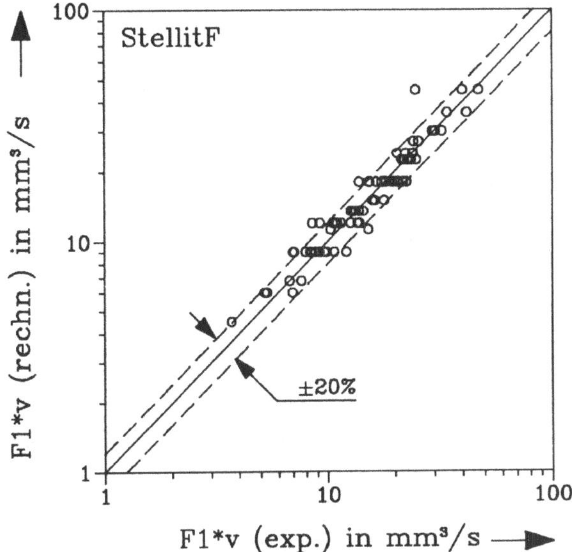

Bild 107 Vergleich der berechneten Beschichtungsrate mit den experimentell bestimmten Werten beim Beschichten mit StellitF-Pulver.

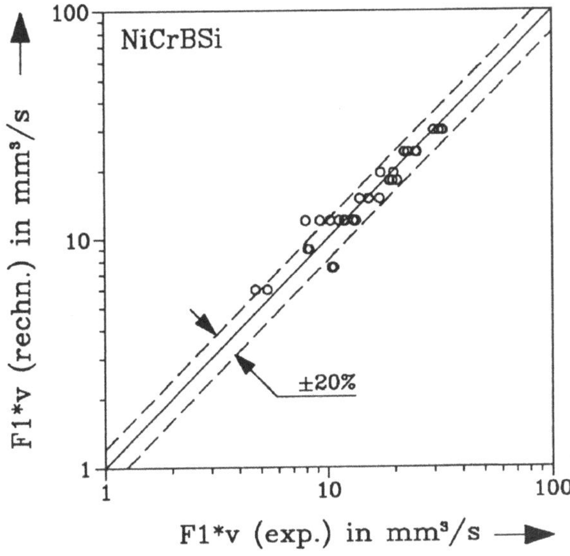

Bild 108 Vergleich der berechneten und der experimentellen Beschichtungsrate beim Beschichten mit NiCrBSi.

6.7.2 Energetische Betrachtung

Mit der Annahme, daß die Schmelzbadtemperatur der Liquidustemperatur des jeweiligen verwendeten Pulvers entspricht, und mit den physikalischen Kennwerten (Tabelle 18) läßt sich P_{Pulver}, der zum Aufschmelzen des in die Auftragschicht eingebundenen Pulvermaterials verbrauchte Leistungsteil (Bild 52) gemäß

$$P_{Pulver} = F \, v \, \varrho \, (\, h_p + c_p \, \Delta T \,) \tag{31}$$

ermitteln. Für das Pulvergemisch werden die Daten des NiCrBSi-Pulvers eingesetzt.

Tabelle 18   Die für die Berechnung von P_{Pulver} zugrundegelegten Daten der verwendeten Pulver.

	h_p in J/g	c_p in J/(gK)	T_{sp} in K	ϱ in g/cm^3
Stellit21	235,82	0,408	1390	8,24
StellitF	243,14	0,382	1300	8,6
NiCrBSi	295,58	0,46	1370	8,2

Das Verhältnis P_{Pulver}/P stellt ein Maß für die Energieumsetzung eines Beschichtungsprozesses dar. Bild 109 zeigt dieses Verhältnis als Funktion des Pulvermassenstroms beim Beschichten mit Stellit21. Das Verhältnis verhält sich erwartungsgemäß proportional zum Pulvermassenstrom. Die absoluten Werte dieses Verhältnisses sind recht niedrig, sie liegen zwischen 1,5 und 7%. Dies bedeutet, daß über 93% der Laserleistung nicht direkt zum Umschmelzen beitragen. In diesen 93% sind Verluste durch Reflexion an der Oberfläche, durch Wärmestrahlung und Konvektion in der Umgebungsatmosphäre sowie durch Wärmeleitung ins Substrat beinhaltet. Es enthält ferner noch den Teil der eingekoppelten Laserenergie $P_{Substrat}$ für die Anzuschmelzung des Substrats (Bild 52). Geht man von einem Einkopplungsgrad von 30% aus, ist somit der Verlustanteil durch Wärmeleitung immer noch $P_w/(A_e \, P)$ über 63%.

Die Steigung der Geraden in Bild 109 beträgt 0,248 min/g. Sie ist von den Werkstoffeigenschaften des Pulvers abhängig. Tabelle 19 stellt die Werte des Verhältnisses P_{Pulver}/P und der Steigung der vier untersuchten Pulvermaterialien gegenüber. Daraus wird deutlich, daß beim Laserbeschichten nur ein sehr geringer Teil der Laserenergie für das Umschmelzen des aufgebrachten Pulvermaterials gebraucht wird.

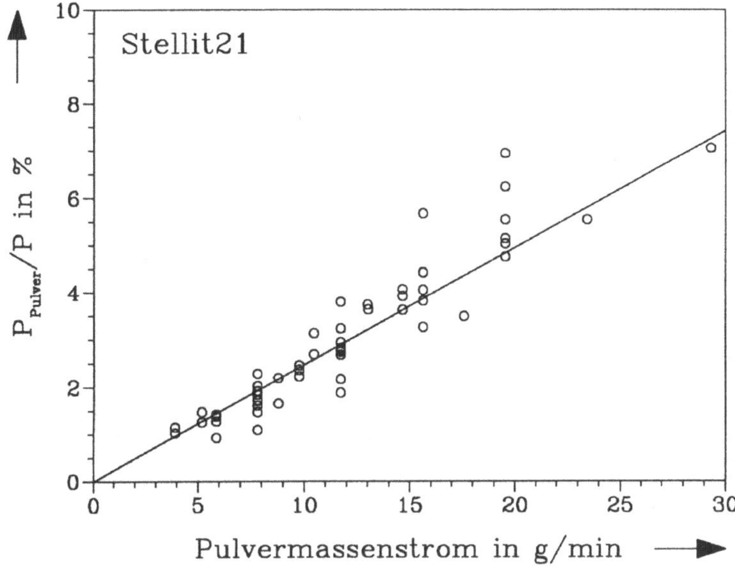

Bild 109 Das Verhältnis P_{Pulver}/P als Funktion des Pulvermassenstroms für das Beschichten mit Stellit21.

Tabelle 19 Aus Experimenten ermitteltes P_{Pulver}/P-Verhältnis und Proportionalfaktor dieses Verhältnisses zum Pulvermassenstrom für vier Beschichtungswerkstoffe.

Pulver	das Verhältnis P_{Pulver}/P	der Proportionalfaktor
Stellit21	1,5 - 7	0,248
StellitF	0,5 - 8	0,305
NiCrBSi	1 - 7	0,371
60%WC/Co+40%NiCrBSi	1 - 8	0,457

6.7.3 Arbeitsbereiche der Prozesse

In 6.4.2 wurde beim Legieren mit WC eine obere Grenze der auf die Energiedichte bezogenen Pulverstreckenmasse von 0,035 g*mm/kJ festgestellt. Wird diese Grenze überschritten, treten Inhomogenität, Riß- und Porenbildung in der Legierungsschichten auf. Daher ist die bezogene Streckenmasse stets kleiner als dieser Wert einzustellen.

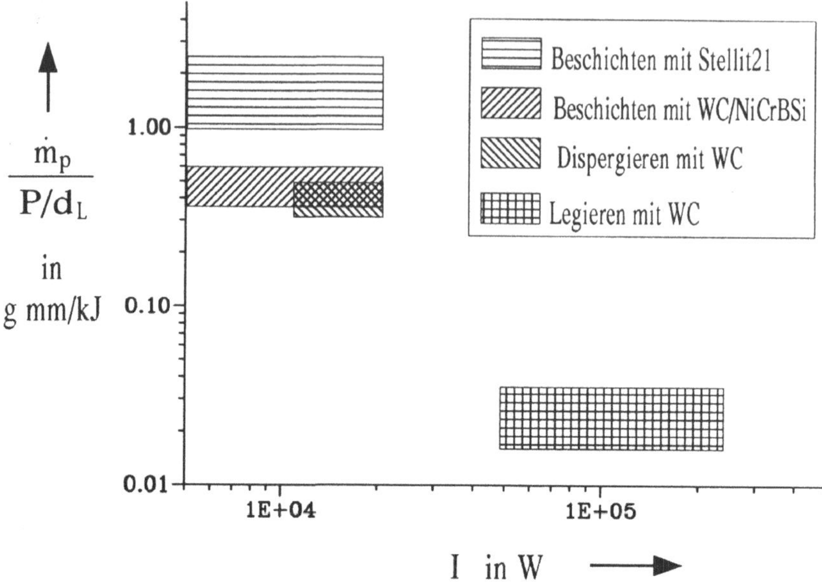

Bild 110   Die in dieser Arbeit ermittelten Parameterbereiche für Legierungs- und Beschichtungsprozesse.

Beim Beschichten ist dagegen eine viel höhere bezogenen Streckenmasse notwendig. Wird die bezogene Streckenmasse zu klein gewählt, ergibt sich eine sehr hohe Aufmischung. Die obere Grenze der bezogenen Streckenmasse ist durch die Anforderung, daß das Formverhältnis b/h nicht kleiner als 5 sein soll, festgelegt. In Bild 110 werden die in dieser Arbeit ermittelten Parameterbereiche der Intensität und auf die Energiedichte bezogenen Pulverstreckenmasse für verschiedene Prozesse (Beschichten, Legieren und Dispergieren) zusammengefaßt. Es dient nur zur groben Orientierung.

6.8 Verschleißuntersuchungen

Der Zweck der Laseroberflächenbehandlungen ist die Herstellung von Verschleißschutzschichten an Werkstückoberflächen. Im wesentlichen sind zwei Verschleißarten von Bedeutung, nämlich die Gleitverschleißfestigkeit und die abrasive Verschleißfestigkeit. Die Beschichtungen aus den Hartlegierungen (z.B. Stellit21) dienen in erster Linie zum Schutz gegen Gleitverschleiß und Korrosion. Die Oberflächenschutzschichten mit Hartstoffeinlagerungen sind besonders wirksam gegen abrasiven Verschleiß.

Nachfolgend wird über Verschleißuntersuchungen an den Proben mit einer Verschleißschutzschicht berichtet. Diese Schichten wurden mit den in den letzten Abschnitten aufgeführten Laserbehandlungsverfahren hergestellt: Laserlegieren mit WC/Co (6.4.2), Dispergieren mit WC/Co (6.5) und Beschichten mit dem Pulvergemisch aus 60% WC/Co und 40% NiCrBSi (6.6). Die mit WC/Co-Pulver legierten Schichten haben ein martensitisches Gefüge. Die durch direktes Dispergieren bzw. durch Beschichten mit dem Pulvergemisch hergestellten Schichten haben ein Dispersionsgefüge mit eingelagerten WC-Teilchen.

Aus den oben genannten Proben wurden quadratische Verschleißproben mit einer Kantenlänge von 10 mm angefertigt. Die Oberflächen der zu testenden Hartstoffschichten wurden geschliffen, damit sich gleiche Versuchsbedingungen für alle Messungen ergaben. Die Untersuchungen wurden mit Schleifpapier aus Flint (SiO_2), Korund (Al_2O_3) und SiC mit 220-er Körnung durchgeführt. Der bei der Messung eingestellte Druck betrug 0.5 N/mm², der gesamte Verschleißweg betrug 15 m. Die näheren Einzelheiten sind in [109] angegeben.

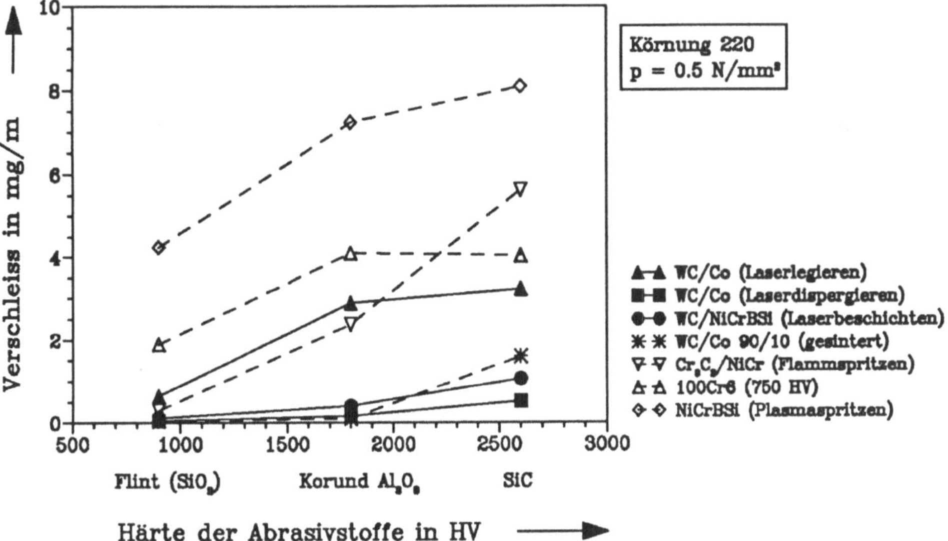

Bild 111 Abrasive Verschleißmessungen von den mit WC behandelten Proben sowie von einigen mit herkömmlichen Methoden hergestellten Verschleißschutzschichten.

Die ausgefüllten Punkte in Bild 111 repräsentieren die Verschleißraten der laserbehandelten Schutzschichten. Zum Vergleich sind auch Verschleißraten von Beschichtungen, die mit konventionellen Verfahren hergestellt wurden, mit gestrichelten Linien aufgetragen. Die mit WC legierten Schichten haben ein martensitisches Gefüge und eine Härte von 850 HV1. Die

Härte der mit WC direkt dispergierten Schichten liegt bei 980 HV10. Die durch Beschichten mit WC/NiCrBSi-Pulvergemisch hergestellten Schichten sind im Vergleich dazu mit einer Härte von 550 HV10 relativ weich. Trotz der unterschiedlichen Härte zeigen die Schichten mit WC-Dispersionsgefügen eine vergleichbare Verschleißrate, die erheblich niedriger ist als die der mit WC legierten Schichten. Es bestätigt sich, daß die Verschleißfestigkeit nicht von der Härte allein bestimmt wird. Die Schutzschichten mit Hartstoffeinlagerung sind beständiger gegen abrasiven Verschleiß.

100Cr6 ist ein Stahl, der sich nach der Wärmebehandlung durch eine hohe Verschleißfestigkeit auszeichnet. Als Referenz wird deshalb ein konventionell gehärteter 100Cr6-Stahl mit einer Härte von 750 HV gewählt. Aus Bild 111 geht hervor, daß die Verschleißrate dieses Stahls im gesamten Meßbereich noch höher liegt als die der laserlegierten WC-Schutzschichten. Der Grund liegt wohl an der infolge der hohen Abkühlgeschwindigkeit erzeugten feinen Gefügestruktur der laserlegierten Schichten. Nach der Hall-Petch-Beziehung ist die Härte eine Funktion der Korngröße. Je feiner die Kristallstruktur ist, desto höher ist die Härte. In beiden Fällen liegen martensitische Gefüge vor. Die abrasive Verschleißfestigkeit steigt mit der Werkstoffhärte.

Der Verschleißwiderstand des WC-Verbundgefüges, das sowohl durch Laserdispergieren als auch durch Laserbeschichten hergestellt wurde, liegt in der gleichen Größenordnung wie der eines gesinterten Wolframkarbid-Hartmetalls mit 10% Co. Die durch direktes Dispergieren hergestellten Schichten sind durch eine höhere Karbidauflösung gekennzeichnet. Die erhöhte Kohlenstoffkonzentration führt zu einer härteren Matrix als die der WC/NiCrBSi-Verbundschichten. Weitere Untersuchungen sind zur Bestimmung der Gleitverschleißfestigkeit und der Korrosionsbeständigkeit erforderlich.

7 Zusammenfassung

In dieser Arbeit wurden Untersuchungen zur Optimierung von Verfahren der Oberflächenbehandlung mit dem CO_2-Laser bei gleichzeitiger Pulverzufuhr durchgeführt. Dabei wurde
über Aspekte der Energieeinkopplung, über notwendige technische Einrichtungen bis hin zu
Erläuterungen von erfolgreichen Prozeßparametern berichtet. Die Ergebnisse lassen sich
entsprechend in drei Teilen zusammenfassen.

Einkopplung der Laserenergie
Beim Umschmelzen von Stahl in Argon beträgt der Einkopplungsgrad des CO_2-Lasers 14%.
Dies entspricht einem spezifischen Volumen (ein Maß für die Umschmelzeffizienz) von 3
mm^3/kJ. Durch das Wegfallen des Argongases läßt sich das spezifische Volumen auf 4
mm^3/kJ erhöhen. Das spezifische Volumen bei Pulverzufuhr erhöht sich auf ein mehrfaches
von dem des Umschmelzens.

Desweiteren wurde beim Schrägeinfall eines linear polarisierten CO_2-Lasers eine starke
Erhöhung der Umschmelzeffizienz gegenüber dem senkrechten Einfall festgestellt. Der
Einsatz eines kurzwelligen Nd:YAG-Lasers (1,06 µm) erwies sich als eine effektive Maß-
nahme zur Erhöhung der Energieeinkopplung. Das spezifische Volumen beim Umschmelzen
mit dem Nd:YAG-Laser ist mit 10 bis 12 mm^3/kJ um das 2,5 bis 3 fache höher als das beim
Umschmelzen mit dem CO_2-Laser. Ferner ließ sich die Einkopplung durch Vorbeschichten
mit Graphit erhöhen.

Durch eingehende Untersuchungen konnte das Einkopplungsverhalten beim Laserumschmelzen geklärt werden. Zur Verifizierung der beobachteten Parameterabhängigkeiten des
Einkopplungsgrads und des spezifischen Volumens wurde eine numerische Simulation mit
der Methode der finiten Elemente durchgeführt. Die gute Übereinstimmung der experimentellen mit den simulierten Ergebnisse bestätigte die Annahme, daß diese Abhängigkeit auf
die unterschiedlichen Absorptionsgrade in festen und flüssigen Phasen zurückzuführen ist.

<u>Pulverzufuhrsystem</u>

Insgeamt wurden drei Pulverfördersysteme untersucht: zwei kommerziell erhältliche und ein vom IWS-Dresden entwickeltes. Im Gegensatz zum Pulverförderer des IWS-Dresden, der auch ohne Transportgas arbeitet, benötigen die kommerziell erhältlichen Pulverförderer einen hohen Durchfluß des Trägergases. Dies führt zu hohen Partikelgeschwindigkeiten und zu schlechter Pulveraufnahme des Schmelzbads. Die Pulsation und der hohe Fördermengenbereich stellten ein zusätzliches Problem dar. Um die verfügbaren Pulverförderer einsatzfähig für die Laseroberflächenbehandlung zu machen, wurde ein Zyklonabscheider zur Trennung des geförderten Pulvers vom Trägergas entwickelt. Ab einer bestimmten Förderrate führt der Einsatz des Abscheiders zu einem gleichmäßigen Pulverstrom mit erheblich reduzierter Geschwindigkeit. Um bei kleinen Pulverförderraten zu arbeiten, wurden Dosierteller mit schmalen Rillen eingesetzt.

<u>Verfahrensentwicklung</u>

Am Beispiel des Stellit21-Pulvers wurde das Laserbeschichten mit Pulverzufuhr untersucht. Es wurden neben guten Beschichtungsergebnissen auch Kriterien zur Auswahl der Prozeßparameter aufgezeigt. Aus den experimentellen Daten konnte eine lineare Beziehung zwischen der Beschichtungsgeschwindigkeit und dem Pulvermassenstrom $\dot{m}_p$ hergeleitet werden. Der Proportionalitätsfaktor ist werkstoffabhängig und wurde für mehrere Pulver bestimmt.

Beim Laserlegieren mit WC/Co-Pulver wurde abhängig von der Pulvermenge eine Martensithärtung und eine Karbidhärtung festgestellt. Die maximale Härte bei der Martensithärtung (bei geringer Pulverzufuhr) lag bei 950 HV0,1. Es wurden keine groben Strukturfehler in diesem Bereich beobachtet. Die abrasive Verschleißfestigkeit dieser legierten Schichten ist höher als die eines konventionell gehärteten 100Cr6-Stahls mit einer Härte von 750 HV. Im Gegensatz zur Martensithärtung waren im Bereich der Karbidhärtung die Legierungen mit starker Poren- und Rißbildung verbunden. Beim Dispergieren mit WC wurde eine verminderte Rißbildung festgestellt. Erst wenn zum WC-Pulver das NiCrBSi-Pulver als Matrixbildner gemischt wurde, konnte eine Dispersionsschicht mit eingelagerten WC-Teilchen hergestellt werden. Diese Schicht enthält einen hohen Anteil von Hartstoff und ist rißfrei. Die Verschleißuntersuchungen zeigen, daß die abrasive Verschleißfestigkeit dieser Schicht vergleichbar mit der eines gesinterten WC/Co-Hartmetalls (90% WC) ist.

8 Literatur

[1]   STERN, D.: *Absorptivity of CW CO₂, CO and Nd:YAG-Laser Beams by Different Metallic Alloys*. In: Bergmann, H.W.; Kupfer, R. (Hrsg.): Proceedings of the 3rd European Conference on Laser Treatment of Materials (ECLAT), Erlangen, 1990. S. 25-35.

[2]   DAUSINGER, F.: *Laser with Different Wave Length - Implications for Various Applications*. In: Bergmann, H.W.; Kupfer, R. (Hrsg.): Proceedings of the 3rd European Conference on Laser Treatment of Materials (ECLAT), Erlangen, 1990. S. 1-14.

[3]   DAUSINGER, F.: *Beam-Matter Interaction in Laser Surface Modification*. In: Matsunawa, A.; Katayama, S.: Proc. of the International Conference on Laser Advanced Materials Processing (LAMP) - Science and Applications. Nagaoka, Japan, 1992. S. 679-702.

[4]   STEEN, W.M.: *Laser Cladding, Alloying, and Melting*. In: Belforte, D.; Levitt, M. (Hrsg.): The Industrial Laser Annual Handbook, 1986 Edition. Tulsa, Oklahoma USA: PennWell Publishing Company, 1986. S. 158-174.

[5]   DRAPER,C.W.; POATE, J.M.: *Laser Surface Alloying*. International Metal Review **30** (1985) Nr. 2 S. 85-108.

[6]   CHEN, C.H.; JU, C.P.; RIGSBEE, J.M.: *Laser Surface Modification of Ductile Iron: Part 1 Microstructure*. Materials Science and Technology **4** (1988) S. 161-166.

[7]   JU, C.P.; CHEN, C.H.; RIGSBEE, J.M.: *Laser Surface Modification of Ductile Iron: Part 2 Wear Mechanism*. Materials Science and Technology **4** (1988) S. 167-172.

[8]   BURCHARDS, H.D.; WEISHEIT, A.: *Gaslegieren von Titanlegierungen mit Laserstrahl*. In: Tagungsband der 2. Europäischen Konferenz über Laser-Materialbearbeitung, Bad Nauheim, 1988. Düsseldorf: DVS-Verlag, 1988. S. 64-66.

[9]   HINSE-STERN, A.; BURCHARDS, D.; MORDIKE, B.L.: *Laserdrahtbeschichten mit vorgewärmtem Zusatzwerkstoff*. Mat.-wiss. u. Werkstofftech. **22** (1991) S. 408-412.

[10]   BERGMANN; SCHAEFER: *Lehrbuch der Experimentalphysik*, Band III Optik, 8. Aufl., Berlin: Walter de Gruyter, 1987.

[11]   HÜGEL, H: *Strahlwerkzeug Laser*. Stuttgart: Teubner, 1992.

[12] DAUSINGER, F; SHEN, J.: *Energy Coupling Efficiency in Laser Surface Treatment.* ISIJ International, **33** (1993) No.9, S.925-933.

[13] KIM, T.H.; CHONG, K.C.; YOO, B.Y.; LEE, J.S.; HWANG, K.H.: *Absorptance of CO_2 Laser Beam on Stainless Steel and Carbon Steel by Numerical Method.* In: Matsunawa, A.; Katayama, S.(Hrsg.): Proceedings of International Conference on Laser Advanced Materials Processing (LAMP). June 1992, Nagaoka, Niigata, Japan. S. 287-292.

[14] DEKUMBIS, R.; FRENK, A.: *Absorption of CO_2-Laser Light During Laser Surface Remelting.* In: Tagungsband der 2. Europäischen Konferenz über Laser-Materialbearbeitung (ECLAT), Bad Nauheim, 1988. Düsseldorf: DVS-Verlag, 1988. S. 134-137.

[15] WIETING, T.J.; DEROSA, J.L.: *Effects of Surface Conditions on the Infrared Absorptivities of 304 Stainless Steel.* J.Appl. Phys. **50** (1979) S.1071-1078.

[16] WISSENBACH, K.: *Umwandlungshärten mit CO_2-Laserstrahlung.* Technische Hochschule Darmstadt, Dissertation, 1985.

[17] DAUSINGER, F.; POPRAWE, R.; WISSENBACH, K.: *Laserhärten in der Feinwerktechnik.* In: VDI Workshop: Laser in der Materialbearteitung, Düsseldorf, 1984. Düsseldorf: VDI Verlag, 1984. S. 191 (VDI Berichte 535).

[18] BECKER, R.; SEPOLD, G.; CHATTERJEE-FISCHER, R.: *Aspekte des Laserstrahlhärtens.* In: Vortragsband zur Tagung Laser und Optoelektronik in der Technik, München, 1983. Berlin: Springer, 1984. S.317.

[19] GUY, P.: *Application of Mathematical Heat Transfer Analysis to High-Power CO_2-Laser Material Processing: Treatment Parameter Prediction, Absorption Coefficient Measurements.* In: Draper, C.; Mazzoldi, P. (Hrsg.): Proc. of Laser Surface Treatment of Metals, San Miniato, 1985. Dordrecht: Martinus Nijhoh Pub., 1986. S. 201-212.

[20] RUDLAFF, Th.: *Arbeiten Zur Optimierung des Umwandlungshärtens mit Laserstrahlen.* Universität Stuttgart, Dissertation, 1992. Forschungsberichte des Instituts für Strahlwerkzeuge (IFSW). Stuttgart: Teubner, 1992.

[21] DAUSINGER, F.; RUDLAFF, T.: *Novel Transformation Hardening Exploiting Brewster Absorption.* In: Arata, Y. (Hrsg.): Proceedings of the Laser Advanced Materials Processing (LAMP), Osaka, 1987. Japan: High Temp. Society, 1987, S. 323.

[22] MARSDEN, C.F.; FRENK, A.; WAGNIÈRE, J.-D.: *Power absorption during the laser cladding process.* In: Mordike, B.L. (Hrsg.): Laser Surface Treatment - Proceedings of the 4th European Conference on Laser Treatment of Materials (ECLAT), Göttingen, Oktober 1992. Oberursel: DGM Informationsgesellschaft, 1992. S. 375-380.

[23]   DRAPER, C.W.; POATE, J.M.: *Laser Surface Alloying*. International Metals Reviews 30 (1985) No. 2, S. 85-108.

[24]   HEIPLE, C.R.; ROPER, J.R.: *Mechanism for Minor Element Effect on GTA Fusion Zone Geometry*. Welding Journal RCO Supplement. April 1982, S. 97s-102s.

[25]   ANTONY, K.C.: *Wear-Resistant Cobalt-Base Alloys*. Journal of Metals, **35** (1983) Feb. S. 52-60.

[26]   KNOTEK, O.; LUGSCHEIDER, E.; REIMANN, H.: *Ein Beitrag zur Beurteilung Verschleißfester Nickel-Bor-Silicium-Hartlegierungen*. Z. Werksotfftech. **8** (1977) S. 331-335.

[27]   TOMLINSON, W.J.; MOULE, R.T.; MEGAW, J.H.P.C.; BRANSDEN, A.S.: *Cavitation Wear of Untreated and Laser-Processed Hardfaced Coatings*. Wear **117** (1987) S. 103-107.

[28]   WEERASINGHE, V.M.; STEEN, W.M.: *Laser Cladding by Powder Injection*. In: Kimmit, F. (Hrsg.): Laser in Manufacturing. Proceedings of the 1st International Conference on Laser in Manufacturing (LIM), Brighton, U.K. 1983. Bedford: IFS Publications, 1983. S. 125-132.

[29]   MARSDEN, C.F.; FRENK, A.; WAGNIÈRE, J.-D.; DEKUMBIS, R.: *Effects of Injection Geometry on Laser Cladding*. In: Bergmann, H.W.; Kupfer, R. (Hrsg.): Proceedings of the 3rd European Conference on Laser Treatment of Materials (ECLAT), Erlangen, 1990. Düsseldorf: DVS-Verlag, 1990. S. 535-542.

[30]   WEERASINGHE, V.M.: *Laser Cladding of Flat Plates*. University of London, Imperical College of Science and Technology, Dissertation, 1984.

[31]   BRUCK, G.J.: *High-Power Laser Beam Cladding*. Journal of Metals **39** (1987) Feb. S. 10-13.

[32]   LI, L.: *Intelligent Laser Cladding Controll System Design and Construction*. University of London, Imperical College of Science and Technology, Dissertation, 1989.

[33]   LI, L.; STEEN, W.M., HIBBERD, D.B.: *Computer aided Laser Cladding*. In: Bergmann, H.W.; Kupfer, R. (Hrsg.): Proceedings of the 3rd European Conference on Laser Treatment of Materials (ECLAT), Erlangen, 1990. Düsseldorf: DVS-Verlag, 1990. S. 355-369.

[34]   MARSDEN, C.F.; HOUDLEY, A.F.A.; WAGNIÈRE, J.-D.: *Characterization of the Laser Cladding Process*. In: Bergmann, H.W.; Kupfer, R. (Hrsg.): Proceedings of the 3rd European Conference on Laser Treatment of Materials (ECLAT), Erlangen, 1990. Düsseldorf: DVS-Verlag, 1990. S. 543-553.

[35]   GASSMANN, R.; UELZE, A.; NOWOTNY, St; POMPE, W.: *Laserstrahlauftragschweißen an hochbeanspruchten Bauteilen*. In: Strahltechnik. Vorträge und Post-

beiträge der 3. Internationalen Konferenz "Strahltechnik", Karlsruhe, 1991. DVS 135. S. 240-243.

[36] CAPP, M.L.; RIGSBEE, J.M.: *Laser Processing of Plasma Sprayed Coatings.* Mater. Sci. Eng. **62** (1984) S. 49-56.

[37] CERRI, W.; DONATI, V.; FIORINI, O.; BÈ, C.A.: *Laser Cladding of Cobalt-Base Powder on Stainless and Construction Steels.* In: Proceedings of the European Physical Soceity on High Power Lasers and Their Industrial Applications, Innsbruck, Österreich, 1986. SPIE Vol. 650. S. 245-252.

[38] FEINLE, P.; NOWAK, G.: *Auftragen von Molybadänhaltigen Verschleißschutz-schichten mit CO_2-Laser.* In: Tagungsband der 2. Europäischen Konferenz über Laser-Materialbearbeitung (ECLAT), Bad Nauheim, 1988. 1988. S. 73-75.

[39] NOWOTNY, S.; SHEN, J.; DAUSINGER, F.: *Verschleißschutz durch Auftrag-schweißen von Stellit 21 mit CO_2-Laser.* Laser und Optoelektronik **23** (1991) Nr. 6, S. 50-54.

[40] MATTHEWS, S.J.: *Laser Fussing of Hardfacing Alloy Powders.* In: Metzbower, E.A.; Copley, S.M. (Hrsg.): Applicatios of Lasers in Materials Processing, American Soceity for Metals, Metals Park, OH, 1983. S. 179-187.

[41] GASSER, A.; KREUTZ, E.W.; WISSENSBACH, K.: *Beschichten mit CO_2-Laser-strahlung.* SurTec´89, Berlin, S. 545-553.

[42] LUGSCHEIDER, E.; WILDEN, J.: *Einsatz des Laserbeschichtens zur Bildung von MCrAlY-Pseudolegierungen.* In: SurTec'89, Berlin, S. 555-561.

[43] MONSON, P.J.E.; STEEN, W.M., WEST, D.R.F.: *Rapid Alloy Scanning by Variable Composition Laser Cladding.* In: Arata, Y. (Hrsg.): Proc. of Laser Advanced Materials Processing (LAMP), Osaka, 1987. Japan: High Temp. Society, 1987. S. 377-382.

[44] ONO, M.; KOSUGE, S.; NAKADA, K.; WATANABE, I.: *Development of Laser Cladding Process.* In: Arata, Y. (Hrsg.): Proc. of Laser Advanced Materials Processing (LAMP), Osaka, 1987. Japan: High Temp. Society, 1987. S. 395-400.

[45] YANG, X.C.; YAN, Y.H.; ZHONG, M.L.: *Laser Cladding with Wide-Band Scanning Rotative Polygon Mirror.* In: Ream, S.L. (Hrsg.): Laser Materials Processing, Proceedings of the 6 th International Congress on Applications of Laser and Eletro-optics (ICALEO´87), San Diego, USA, 1987. Berlin: IFS Publications/ Springer-Verlag, 1988. S. 205-215.

[46] LUGSCHEIDER, E.; OBERLÄNDER, B.C.; MEINHARDT, H.: *Laser Cladding and Laser Surface Remelting of Nickel-base Hardfacing Alloys.* In: Bergmann, H.W.; Kupfer, R. (Hrsg.): Proceedings of the 3rd European Conference on Laser Treatment of Materials (ECLAT), Erlangen, 1990. Düsseldorf: DVS-Verlag, 1990. S. 555-568.

[47]   SINGH, J.; MAZUMDER, J.: *Microstructure and Wear Properties of Laser Clad Fe-Cr-Mn-C Alloys*. Metallurgical Transactions **18A** (1987) S. 313-322.

[48]   WANG, A.A.; SIRCAR, S; MAZUMDER, J.: *Laser Cladding of Mg-Al Alloys*. In: Proceedings of the Laser Material Processing (ICALEO), Boston, Massachusetts, USA, 1990. LIA Vol. 71, S. 502-512.

[49]   AMENDE, W.: *Entwicklung und Herstellung von legierten Ledeburitschichten mit Hilfe des CO_2-Laserstrahls auf Kolbenringlaufflächen für den Einsatz in 4-Takt-Dieselmotoren*. In: Tagungsband zur 5. Presentation Tribologie, Koblenz, 1991. S. 550-562.

[50]   HUGON, A.; GALERIE, A.; PONS, M.; SUGIER, A.; FACHINETTI, J.-L.; PUIG, T.: *Superficial Remelting of Ni-P Coatings under Laser Beam, Influence on Their Corrosion Behavior*. In: Proceedings of the Laser Materials Processing (ICALEO), Orlando, Fl., USA, 1989. LIA Vol. 69, S. 101-110.

[51]   TAKEDA, T.; OKAMURA, H.; HISADA, H.; MASOMOTO, N.: *Laser Cladding of Copper Alloys*. In: Arata, Y. (Hrsg.): Proc. of Laser Advanced Materials Processing (LAMP), Osaka, 1987. Japan: High Temp. Society, 1987. S. 383-388.

[52]   RAMOUS, R.: *Carburization of Steel Surface by Laser Treatment*. In: Draper, C.; Mazzoldi, P. (Hrsg.): Proc. of Laser Surface Treatment of Metals, San Miniato, 1985. Dordrecht: Martinus Nijhoh Pub., 1986. S. 475-782.

[53]   WALKER, A.; WEST, D.R.F.; STEEN, W.M.: *Laser Surface Alloying of Iron and 1C-1.4Cr Steel with Carbon*. Metals Technology **11** (1984) S. 399-404.

[54]   WALKER, A.; FLOWER, H.M.; WEST, D.R.F.: *The Laser Surface-Alloying of Iron with Carbon*. Journal of Materials Science, **20** (1985) S. 989-995.

[55]   AMENDE, W.: *Untersuchung zur Parameterauswahl beim Laseroberflächen-veredeln durch Beschichten bzw. Auflegieren*. BMFT-Forschungsbericht: T 85-183. Karlsruhe: Fachinformationszentrum, 1985.

[56]   MASUMOTO, I.; KATSUNA, M.; HONDA, Y.: *Study on Laser Surface Melting of Carbon Steels in Controlled Atmospheres*. Trans. Japan Welding Society **20** (1989) No. 2 S. 160-166.

[57]   HUBERTY, B.; NILMEN, F.: *Laser Surface Melting and Surface Alloying of Tool Steels*. In: Mordike, B.L. (Hrsg.): Laser Treatment of Materials. European Conference on Laser Treatment of Materials, Bad Nauheim, 1987. Oberursel: DGM-Informationsgesellschaft mbH, 1987. S. 391-404.

[58]   MARSDEN, C.F.; WEST, D.R.F.; STEEN, W.M.: *Laser Surface Alloying of 420 Stainless Steel*. In: Arata, Y. (Hrsg.): Proc. of Laser Advanced Materials Processing (LAMP), Osaka, 1987. Japan: High Temp. Society, 1987. S. 401-406.

[59]   MARSDEN, C.; WEST, D.R.F.; STEEN, W.M.: *Laser Surface Alloying of Stainless Steel with Carbon*. In: Draper, C.; Mazzoldi, P. (Hrsg.): Proc. of Laser Surface Treatment of Metals, San Miniato, 1985. Dordrecht: Martinus Nijhoh Pub., 1986. S. 461-473.

[60]   GASSER, A.; WISSENSBACH, K.; GILLNER, A.; KREUTZ, E.W.: *Laser Surface Alloying of Cr_3C_2, Cr_3C_2/NiCr and WC/Co Layers on Low Carbon Steel.* Optoelektronik Magazin **3** (1987) Nr.6 S. 690-693.

[61]   SCHMIDT, A.O.: *Tools And Engineering Materials with Hard, Wear-Resistant Infusions*. Transactions of the ASME: Journal of Engineering for Industry, **69** (1969) Aug. S. 549-552.

[62]   PAYNE, D.A.: *Microhardness of Laser Treated Carbide Coatings on Metal Cutting Tools.* Wear **33** (1975) S. 377-379.

[63]   BERGMANN, H.W.; MORDIKE, B.L.: *Oberflächenlegieren von Werkzeugstählen mit Hartkarbide durch Laser/Elektronenstrahlschmelzen*. Z. Werkstofftechn. **12** (1981) S. 142-150.

[64]   AYERS, J.D.; SCHAEFER, R.J., ROBEY, W.P.: *A Laser Processing Technique for Improving the Wear Resistance of Metals*. Journal of Metals, **33** (1981) Aug. S. 19-23.

[65]   AYERS, J.D.; SCHAEFER, R.J.: *Consolidification of Plasma Sprayed Coatings by Laser Remelting*. In: Ready, J.F. (Hrsg.): Laser Applications in Materials Processing. Proc. of the Society of Photo-optical Instrumentation Engineers, Vol. 198, San Diego, CA, USA, 1979. Bullingham: Society of Photo-optical Instrumentation Engineers, 1979. S. 57-64.

[66]   AYERS, J.D.; TUCKER, T.R.; SCHAEFER, R.J.: *Wear Resisting Surfaces by Carbide Particle Injection*. In: Mehrabian, R.; Kear, R.H.; Cohen, M.: Rapid Solidification Processing - Principles and Technologies, II. Baton Rouge: Claitor´s Publishung Division, 1980. S. 212-220.

[67]   AMENDE, W.; NOWAK, G.: *Hard Phase Particles in Laser Processed Cobalt Rich Claddings*. In: Bergmann, H.W.; Kupfer, R. (Hrsg.): Proceedings of the 3rd European Conference on Laser Treatment of Materials (ECLAT), Erlangen, 1990. Düsseldorf: DVS-Verlag, 1990. S. 417-428.

[68]   COOPER, K.P.: *Improving the Wear Resistance by Forming Hard Metal Matrix Ceramic Composite Surface Layers*. J. Vac. Sci. Technol. **A4** (1986) S. 2857-2861.

[69]   COOPER, K.P.; AYERS, J.D.: *The Influence of Processing Parameters on the Cracking Tendency of Laser Processed Composite Surfaces*. In: Ream, S.L. (Hrsg.): Laser Materials Processing, Proceedings of the 6 th International Congress on Applications of Laser and Eletro-optics (ICALEO), San Diego, USA, 1987. Berlin: IFS Publications/ Springer-Verlag, 1988. S. 179-187.

[70]   COOPER, K.P.; SLEBODNICK, P.: *Recent Developments in Laser Melt/Particle Injection Processing*. Journal of Laser Applications. 1 (1989) Nr. 10 S. 21-29.

[71]   FLINKFELD, J.E.: *Wear Protection by Laser Impregnation*. In: SurTec´89, Berlin, S. 473-476.

[72]   ABBAS, G.; WEST, D.R.F.: *Laser Surface Cladding of Stellite and Stellite-SiC Composite Deposites for Enhanced Hardness and Wear*. Wear 143 (1991) S. 353-363.

[73]   YANG, X.C.; ZHEN, T.X.; ZHANG, N.K.: *Laser Cladding of WC-Co Powder*. In: Kimmit, M.F. (Hrsg.): Proceedings of the Laser Materials Processing (ICALEO). LIA Vol. 71, Boston, Massachusetts, USA, 1990. S. 520-524.

[74]   SCHÜßLER, A.; ZUM GAHR, H.-K.: *Incorporation of TiC/TiN Hard Particles into Steel Surfaces Using Laser Radiation*. In: Bergmann, H.W.; Kupfer, R. (Hrsg.): Proc. of the 3rd European Conference on Laser Treatment of Materials (ECLAT), Erlangen, 1990. Düsseldorf: DVS-Verlag, 1990. S. 581-592.

[75]   SCHÜßLER, A.; Zum GAHR, K.-H.: *Oscillating Sliding Wear of TiC and TiN Laser Hardfacing*. Mat.-wiss. u. Werkstofftechn. 22 (1991) S. 10-14.

[76]   HERNANDEZ, J.; VANNES, A.; COM-NOUGUÉ, J.; KERRAND, E.: *Laser Surface Cladding and Residual Stresses*. In: Quenzer, A. (Hrsg.): Proceedings of the 3rd International Conference on Lasers in Manufacturing, Paris, 1986. S. 181-190.

[77]   VANNES, A.; HERNANDEZ, J.; MAIFREDY, L.; GREVEY, D.; GOBIN, P.F.: *Residual Stresses Induced by Surface Hardening or Cladding of Steel by Laser Beam*. In: Arata, Y. (Hrsg.): Proc. of Laser Advanced Materials Processing (LAMP), Osaka, 1987. Japan: High Temp. Society, 1987. S. 371-376.

[78]   ROTH, M.; HAUERT, R.; FRENK, A.; PIERANTONI, M.; BLANK, E.: *Residual Stress Formation in Laser Treated Surfaces*. In: Waidelich, W. (Hrsg.): Laser Opto-elektronik in der Technik. Vorträge des 9. Internationalen Kongresses Laser 89, München, 1989. Berlin usw.: Springer Verlag, 1990. S. 532-537.

[79]   BOLL, P.O.; HAUERT, R.; ROTH, M.: *Residual Stresses in Laser Treated Surfaces*. In: Tagungsband der 2. Europäischen Konferenz über Laser-Materialbearbeitung (ECLAT), Bad Nauheim, 1988. S. 180-182.

[80]   LAMB, M.; WEST, D.R.F.; STEEN, W.M.: *Residual Stresses in Two Laser Surface Melted Stainless Steels*. Materials Science and Technology 2 (1986) S. 974-980.

[81]   FRENK, A.; MARSDEN, C.F.; WAGNIÈRE, J.-D.; VANNES, A.B.; LARACINE, M.; LORMAND, M.Y.: *Influence of an Intermediate Layer on the Residual Stress Field in a Laser Clad*. Surface and Coatings Technology 45 (1991) S. 435-441.

[82]   MANGALY, A.A.; EVERETT, M.A.; HAMMEKE, A.W.: *Industrial Applications of Laser Cladding*. In: Belforte, D.; Levitt, M. (Hrsg.): The Industrial Laser Annual Handbook, 1988 Edition. Tulsa, Oklahoma: PennWell Publishing Company, 1988. S. 69-74.

[83]   EBOO, M.; LINDEMANIS, A.E.: *Advances in Laser Cladding Technology*. In: Jacobs, R.R. (Hrsg.): Applications of High Power Lasers. Proceedings of SPIE Volume 527. Los Angeles, CA, USA, 1985. S. 86-94.

[84]   MIKAME, K.: *Applications of Laser Material Processing in Toyota Motor Corporation*. In: Matsunawa, A.; Katayama, S.(Hrsg.): Proceedings of International Conference on Laser Advanced Materials Processing (LAMP). June 1992, Nagaoka, Niigata, Japan. S. 947-952.

[85]   BORIK, S.: *Einfluß optischer Komponenten auf die Strahlqualität von Hochleistungslasern*. Universität Stuttgart, Dissertation, 1992. Forschungsberichte des Instituts für Strahlwerkzeuge (IFSW), Stuttgart: Teubner, 1992.

[86]   WOOD, R.M.: *Laser Damage in Optical Materials*. Bristol and Boston: Adam Hilger, 1986

[87]   SAITO, T.T.; CALLENDAR, A.B.; SIMMONS, L.B.: *Calorimeter to Measure the 10.6-µm Absorption of Metal Substrate Mirrors*. Applied Optics, **14** (1975) Nr.3 721-725.

[88]   GIER, J.; DUNKLE, D; BEVANS, J.: *Measurement of Absolute Spectral Reflectivity From 1 to 15 Microns*. Journal Optical Soc. of America **44** (1954) S. 558.

[89]   WEGST, C.W.: *Stahlschlüssel*. 14. Auflage. Marbach: Verlag Stahlschlüssel Wegst GmbH, 1986. S. 8.

[90]   DAUSINGER, F.: *Einkopplung beim Schneiden mit Lasern unterschiedlicher Wellenlänge*. Laser und Optoelektronik, **25** (1993) Nr.2, S. 47-55.

[91]   ECKERT, E.R.G.; DRAKE, R.M.: *Analysis of Heat and Mass Transfer*. New York: McGraw-Hill, 1972.

[92]   LEBSANFT, S.: *Nummerische Simulation des Einkopplungsverhaltens beim Laserumschmelzen*. Institut für Strahlwerkzeuge (IFSW), Fakultät für Konstruktions- und Fertigungstechnik, Universität Stuttgart, Diplomarbeit, 1992.

[93]   DAUSINGER, F.; BECK, M.; LEE, J.H.; MEINERS, E.; RUDLAFF, T.; SHEN, J.: *Energy Coupling in Surface Treatment Processes*. Journal of Laser Applications **2** (1990) No. 3 & 4, S. 17-21.

[94]   BECK, M.: *Modellierung des Überlappschweißens von Dünnblechen mit Laser*. Institut für Strahlwerkzeuge (IFSW), Fakultät für Konstruktions- und Fertigungstechnik, Universität Stuttgart, Diplomarbeit, 1989.

[95]   BANAS, C.: *High Power Laser Welding*. In: Belforte, D.; Levitt, M. (Hrsg.): The Industrial Laser Annual Handbook, 1986 Edition. Tulsa, Oklahoma: PennWell Publishing Company, 1986. S. 69-86.

[96]   KALLA, G; JANHOFER, K.; BEYER, E.: *Influence of the Process Parameters on the Weld Metal Hardness of Laser Beam Welded Structure Steel Regarding the Formation of Pores*. In: Mordike, B.L.(Hrsg.): Laser Surface Treatment - ECLAT'92, Göttingen, Oktober, 1992. Oberursel: DGM Informationsgesellschaft, 1992. S. 143-149.

[97]   MACINTYRE, R.M.: *Laser Hardsurfacing of Gas Turbine Blade Shrould Interlocks*. In Kimmtitt, M.F. (Hrsg.): Proceedings of the 1st International Conference on Lasers in Manufacturing, Nov. 1983, Brighton, UK. S. 253-262.

[98]   WIEDEMANN, B.: *Vorversuch und Konstruktion eines Gravitationsdosierers für die Laseroberflächenbehandlung*. Institut für Strahlwerkzeuge (IFSW), Fakultät für Konstruktions- und Fertigungstechnik, Universität Stuttgart, Diplomarbeit, 1990.

[99]   LAIER, P.: *Untersuchung und Optimierung mehrerer Pulverfördersysteme für die Laseroberflächenbehandlung*. Institut für Strahlwerkzeuge, Fakultät für Konstruktions- und Fertigungstechnik, Universität Stuttgart, Studienarbeit, 1991.

[100]   Lee, J.H.: *Erhöhung der Prozeßeffizienz beim Laseroberflächenlegieren mit gleichzeitiger Pulverzufuhr*. Institut für Strahlwerkzeuge (IFSW), Fakultät für Konstruktions- und Fertigungstechnik, Universität Stuttgart, Diplomarbeit, 1990.

[101]   ZOSKE, U.; BEA, M.; FRITZ, D.; GIESEN, A.: *A Beam Guiding System Combining Several Lasers with Various Working Stations*. Proceedings of the Laser Materials Processing ICALEO'90. Nov. 1990, Boston, Massachusetts, USA. LIA Volume 71. S. 52-60.

[102]   GRÜNENWALD, B.: *Laserlegieren eines Einsatzstahls mit Wolframkarbid und Kohlenstoff*, MPI-Instiut für Metallkunde, Institut für Strahlwerkzeuge, Universität Stuttgart, Diplomarbeit, 1991.

[103]   GRÜNENWALD, B.; BISCHOFF, E.; SHEN, J.; DAUSINGER, F.: *Laser surface alloying of case hardening steel with tungsten carbide and carbon*. Materials Science and Technology, **8** (1992) S. 637-643.

[104]   DENGEL, D.; KROESKE, E.: *Über Ursache und Unterdrückung der Prüfkraftabhängigkeit der Vickershärte*. HTM **39** (1984), S. 194-198.

[105]   KOLASKA, H.; DREYER, K.: *Hartmetalle, Cermets und Keramiken als verschleißbeständige Werkstoffe*. Metall **45** (1991) S. 224-235.

[106]   LAX, E.; SYNOWIETZ, C. (Hrsg.): *Taschenbuch für Chemiker und Physiker*, Bd.3. Berlin, Heidelberg, New York: Springer-Verlag, 1967.

[107]   SCHEDLER, W.: *Hartmetall für den Praktiker*. Düsseldorf: VDI-Verlag, 1988.

[108]   SCHÜßLER, A.: *Microstructure and Properties of Laser Processed Composite Layers*. In: Mordike, B.L. (Hrsg.): Laser Surface Treatment - Proceedings of the 4th European Conference on Laser Treatment of Materials (ECLAT), Göttingen, Oktober 1992. Oberursel: DGM Informationsgesellschaft, 1992. S. 287-293.

[109]   FÖHL, J.; WIEDEMEYER, J. und WÄGELE, D.: *Auslotung der Beanspruchungsgrenzen und Weiterentwicklung von Verschleißschutzschichten mittlerer Dicke bei verschiedenen Verschleißmechanismen*. in: Tribologie 1991, S. 565-576